U0250135

大型通江湖泊水沙时空动态遥感研究

——以鄱阳湖为例

On the Dynamic Changes of Water and Sediments in Large Lakes Connecting to
the Yangtze River: A Remote Sensing Assessment of Poyang Lake

冯炼 著

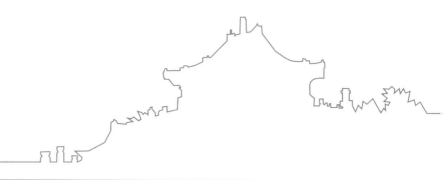

WUHAN UNIVERSITY PRESS
武汉大学出版社

图书在版编目(CIP)数据

大型通江湖泊水沙时空动态遥感研究:以鄱阳湖为例/冯炼著.—武汉:武汉大学出版社,2016.5
武汉大学优秀博士学位论文文库
ISBN 978-7-307-17596-9

Ⅰ.大… Ⅱ.冯… Ⅲ.鄱阳湖—泥沙运动—动态测定—遥感技术—研究
Ⅳ.TV152－39

中国版本图书馆 CIP 数据核字(2016)第 030917 号

责任编辑:任 翔   责任校对:汪欣怡   版式设计:马 佳

出版发行:**武汉大学出版社**　(430072　武昌　珞珈山)
　　　　(电子邮件:cbs22@whu.edu.cn　网址:www.wdp.com.cn)
印刷:武汉市洪林印务有限公司
开本:720×1000　1/16　印张:11.25　字数:162 千字　　插页:4
版次:2016 年 5 月第 1 版　　2016 年 5 月第 1 次印刷
ISBN 978-7-307-17596-9　　定价:25.00 元

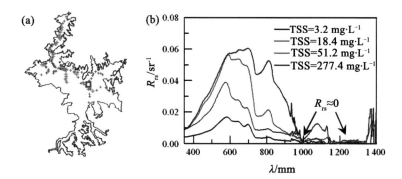

图 4-2 （a）2009 年 10 月与 2011 年 7 月鄱阳湖实测站点位置，其中绿色代表实测值与 MODIS 遥感数据的同步观测站点；（b）鄱阳湖实测光谱数据（R_{rs}），其中在 1 000 nm 与 1 150~1 380 nm 的光谱区间内，遥感反射率约为 0，因此可以认为水体在 1 240 nm 波段上对 MODIS 反射率没有贡献

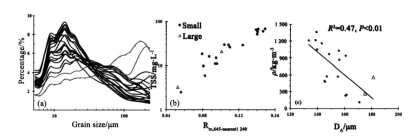

图 4-15 （a）鄱阳湖悬浮泥沙存在两种不同类型的粒径分布，LISST-100X 取样的粒径分布用红点表示；（b）不同粒径分布的悬浮泥沙浓度与 MODIS $R_{rc,645-nearest1\ 240}$ 之间的关系，大粒径（三角形表示）与其他小粒径颗粒物（黑点表示）之间不存在明显的区分度；（c）表观密度（ρ）与颗粒物平均面积（D_A）之间的关系

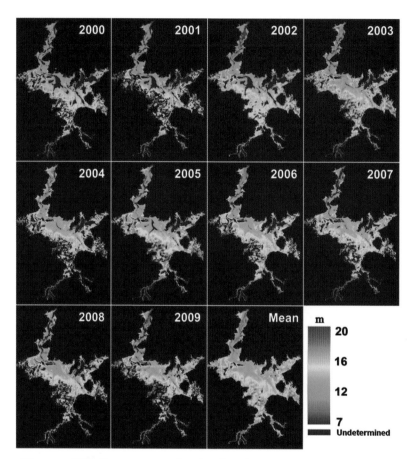

图 5-6　不同年份(2000—2009 年)鄱阳湖的湖底地形图(以吴淞基准面为参考平面),而"Mean"为 10 年的平均值,未确定区域("Undetermined")位于湖泊年最小水体范围以内

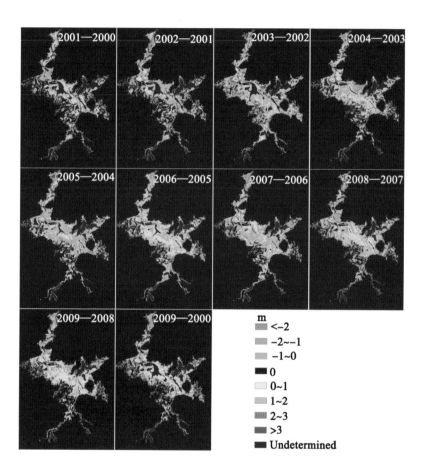

图 5-8 2000—2009 年间鄱阳湖湖底地形在任意连续两年的差异。其中
2002—2004 年的变化最为显著，而 2000 年与 2009 年的差异代表
了湖底地形在十年中的总变化量("2009—2000")

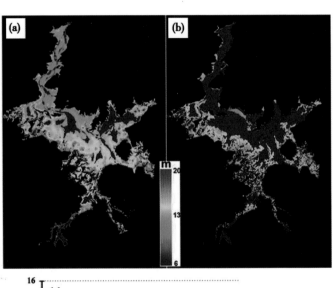

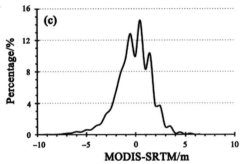

图 5-14　MODIS 提取湖底地形与 SRTM 地形数据比较。（a）2000 年 MODIS 提取的湖底地形图，其中蓝色为未确定区域（"Undetermined"）（图 5-6）；（b）SRTM 在鄱阳湖的地形数据，其中蓝色区域为（"奋进号"飞行时）鄱阳湖的积水区域；（c）MODIS 提取结果与 SRTM 之间差异（MODIS-SRTM）的直方图分布

总　序

　　创新是一个民族进步的灵魂，也是中国未来发展的核心驱动力。研究生教育作为教育的最高层次，在培养创新人才中具有决定意义，是国家核心竞争力的重要支撑，是提升国家软实力的重要依托，也是国家综合国力和科学文化水平的重要标志。

　　武汉大学是一所崇尚学术、自由探索、追求卓越的大学。美丽的珞珈山水不仅可以诗意栖居，更可以陶冶性情、激发灵感。更为重要的是，这里名师荟萃、英才云集，一批又一批优秀学人在这里砥砺学术、传播真理、探索新知。一流的教育资源，先进的教育制度，为优秀博士学位论文的产生提供了肥沃的土壤和适宜的气候条件。

　　致力于建设高水平的研究型大学，武汉大学素来重视研究生培养，是我国首批成立有研究生院的大学之一，不仅为国家培育了一大批高层次拔尖创新人才，而且产出了一大批高水平科研成果。近年来，学校明确将"质量是生命线"和"创新是主旋律"作为指导研究生教育工作的基本方针，在稳定研究生教育规模的同时，不断推进和深化研究生教育教学改革，使学校的研究生教育质量和知名度不断提升。

　　博士研究生教育位于研究生教育的最顶端，博士研究生也是学校科学研究的重要力量。一大批优秀博士研究生，在他们学术创作最激情的时期，来到珞珈山下、东湖之滨。珞珈山的浑厚，奠定了他们学术研究的坚实基础；东湖水的灵动，激发了他们学术创新的无限灵感。在每一篇优秀博士学位论文的背后，都有博士研究生们刻苦钻研的身影，更有他们的导师的辛勤汗水。年轻的学者们，犹如在海边拾贝，面对知识与真理的浩瀚海洋，他们在导师的循循善诱下，细心找寻着、收集着一片片靓丽的贝壳，最终把它们连成一串串闪闪夺目的项链。阳光下的汗水，是他们砥砺创新的注脚；面向太阳的远方，是他们奔跑的方向；导师们的悉心指点，则是他们最值得依赖的臂膀！

博士学位论文是博士生学习活动和研究工作的主要成果，也是学校研究生教育质量的凝结，具有很强的学术性、创造性、规范性和专业性。博士学位论文是一个学者特别是年轻学者踏进学术之门的标志，很多博士学位论文开辟了学术领域的新思想、新观念、新视阈和新境界。

据统计，近几年我校博士研究生所发表的高质量论文占全校高水平论文的一半以上。至今，武汉大学已经培育出 18 篇"全国百篇优秀博士学位论文"，还有数十篇论文获"全国百篇优秀博士学位论文提名奖"，数百篇论文被评为"湖北省优秀博士学位论文"。优秀博士结出的累累硕果，无疑应该为我们好好珍藏，装入思想的宝库，供后学者慢慢汲取其养分，吸收其精华。编辑出版优秀博士学位论文文库，即是这一工作的具体表现。这项工作既是一种文化积累，又能助推这批青年学者更快地成长，更可以为后来者提供一种可资借鉴的范式抑或努力的方向，以鼓励他们勤于学习，善于思考，勇于创新，争取产生数量更多、创新性更强的博士学位论文。

武汉大学即将迎来双甲华诞，学校编辑出版该文库，不仅仅是为百廿武大增光添彩，更重要的是，当岁月无声地滑过 120 个春秋，当我们正大踏步地迈向前方时，我们有必要回首来时的路，我们有必要清晰地审视我们走过的每一个脚印。因为，铭记过去，才能开拓未来。武汉大学深厚的历史底蕴，不仅在于珞珈山的一草一木，也不仅仅在于屋檐上那一片片琉璃瓦，更在于珞珈山下的每一位学者和学生。而本文库收录的每一篇优秀博士学位论文，无疑又给珞珈山注入了新鲜的活力。不知不觉地，你看那珞珈山上的树木，仿佛又茂盛了许多！

李晓红

2013 年 10 月于武昌珞珈山

摘　　要

　　随着全球气候变暖与人类活动的加剧，地球上的许多湖泊面临着面积萎缩、水质下降等一系列日趋恶化的水环境问题，严重阻碍了区域经济发展与湖泊正常的生态功能。作为我国最大的通江湖泊（也是第一大淡水湖泊），鄱阳湖兼有调蓄、航运及维系流域生态平衡等重要功能。然而，由于鄱阳湖复杂的水文条件，湖泊周边区域一直是我国洪旱灾害最严重的地区之一，而近年来灾害发生的频率及强度都呈明显的增大趋势。另一方面，由于湖泊采砂等人类活动的影响，鄱阳湖水质状况在近年来有明显下降的趋势，且已经给人类及水生物的生存构成了威胁。然而，由于受各种技术手段的限制，到目前为止还没有鄱阳湖水质水量的长时序数据，更无从分析其水文格局变化的各种原因。本文将利用长时序的遥感数据，结合实测气象、水文等辅助数据，系统地研究鄱阳湖水沙的长短期时空动态及其形成机制。研究成果不仅包括了高动态通江湖泊水沙遥感的新方法，并且取得了一系列重要发现，具体内容如下：

　　利用 MODIS 遥感影像获取鄱阳湖长时间序列（2000—2010 年）的水体范围，并统计分析了水面积的长短期时空动态特征。湖泊水面积呈显著的季节性与年际变化，11 年间最大最小面积分别为 2010 年 8 月份的 3 162.9 km^2 和 2009 年 10 月份的 714.1 km^2。任意年份的最大最小面积之比在 2.3～3.2 间，而 11 年的最大可能与最小可能水面积相差约 14 倍，充分表明了鄱阳湖水面积的剧烈变化。2000—2010 年间，年平均与年内最小水面积呈减小的趋势，减小的速率分别为 -30.2 km^2/a 和 -23.9 km^2/a（$P<0.05$）。鄱阳湖水面的高动态变化主要受流域降水的影响，而在夏季（7—9 月），由于湖流受长江高水位的顶托，流域降水的作用趋于不明显状态。本研

1

究获取的结果为后续监测与评估鄱阳湖水面积的动态过程提供了长时序的历史参考数据。在 11 年历史数据的基础上，定量化评估了 2011 年春季鄱阳湖的干旱程度。

结合两次现场实测数据与 MODIS 遥感影像，提出了一种有效的悬浮泥沙浓度反演算法。该算法主要基于大气校正后的 645 nm 波段反射率，而将 1 240 nm 反射率作为气溶胶散射信号，并且用最邻近算法避免了陆地邻近效应的影响。实测悬浮泥沙浓度为 3 ~ 200 mg/L 时，本反演算法存在 30% ~ 40% 的误差。对长时序（2000—2010 年）的遥感反演结果进行统计分析表明，鄱阳湖悬浮泥沙浓度时空分布动态十分显著，其北湖区的悬浮泥沙浓度总体上高于南湖区。特别是在 2002 年以后，两个湖区之间的悬浮泥沙平均值相差大于 40 mg/L。分析显示，悬浮泥沙的季节性变化主要归因于湖流的流速变化，而其年际变化主要受采砂活动及相关政策实施的影响。本研究为鄱阳湖的水质动态监测及环境保护提供了重要历史数据，其中提出的一系列方法对其他类似通江湖泊及海岸带的相关研究具有重要借鉴意义。

水下地形数据是湖泊水量估算的前提条件。基于鄱阳湖水体范围的高动态变化特征，结合实测水位数据，提出了一种获取高动态湖泊湖底地形的新方法，此方法弥补了传统的声呐、激光雷达或光学反演在高动态浑浊湖泊的不足。每一景遥感影像提取的水陆边界线可以视作水深线，而用实测水位数据能修正湖泊水边界线的水位差。季节性变化的湖泊水体范围提供了渐进变化的水深线，在此基础上可以获取鄱阳湖的湖底地形。验证结果表明，遥感获取的湖底地形与历史实测数据、SRTM 地形数据之间具有较好的一致性。鄱阳湖绝大部分区域湖底高程分布在 12 ~ 17 m 间（以吴淞基准面为参考）。2000—2009 年间，鄱阳湖湖底高程呈显著的时空动态变化，湖盆淤浅区域面积大于冲刷区域面积。分析表明，湖底高程的动态变化受到人类活动（采砂、围堰等）和气候等多重因素等的影响。例如，2002 年的强降水以及 2003 年的三峡大坝截流直接导致了湖盆在 2002—2003 年的淤浅。

结合前面 MODIS 遥感影像获取的鄱阳湖湖底地形及水陆边界

线数据，可以估算任意影像获取时刻的鄱阳湖蓄水量。结合湖泊蓄水量、气象和水文观测等数据，提出一种估算高动态通江湖泊水量收支的新方法，并获取了 2000—2009 年间，鄱阳湖的水量收支状况。鄱阳湖的水量收支呈显著的年内年际变化，2000—2009 年间湖泊的年平均出湖水量为 $(1.20\pm0.31)\times10^{11}$ m^3，并以平均每年 5.7×10^9 m^3 的速率减小。本研究最大的发现是三峡截留对鄱阳湖水量平衡的瞬时性影响。2003 年 6 月份的三峡大坝截留蓄水导致了出湖水量的急速增加（7.6×10^8 m^3/d），直接致使湖泊蓄水量在较短的时间内减小约 7.86×10^{10} m^3。

　　三峡工程建设对下游生态环境的影响，从 20 世纪 90 年代以来一直都备受争议。然而，目前还没有科学依据能将下游湖泊水环境的各种变化与三峡工程建设直接联系。上述的研究分析已经发现 2003 年的三峡大坝截留给鄱阳湖的水量平衡带来了重大影响，在此基础上，本研究结合遥感、实测水文与气象数据，进一步就三峡工程建设对下游湖泊水环境的影响进行了初步分析。研究发现，2003 年的三峡大坝截留蓄水后，湖泊水面积呈现显著性的减小趋势（减小速率为 3.3%/年）。此外，鄱阳湖流域地表径流系数与大气相对湿度也显著性减小。对洞庭湖的数据进行对比分析表明，两个湖泊的水面积、大气相对湿度等有着类似的变化趋势。鉴于两个通江湖泊具有相似的地理与水文条件，洞庭湖的水文格局变化也从侧面说明了鄱阳湖结果的科学性。本研究通过遥感分析在一定程度上说明了三峡工程建设对长江中下游湖泊产生了影响。然而，获取更多湖泊及长江流域的水文情势数据，是解析三峡水库蓄水对通江湖泊影响机制研究的必要条件。

　　关键词：鄱阳湖；遥感；MODIS；悬浮泥沙；水体面积；湖底地形；水量平衡；三峡工程

Abstract

Driven by both globe climate change and human activities, many
lakes in the world have faced increasingly deteriorated problems in terms
of water quantity and water quality, posing threat to their ecological
functions and hampering regional economic growth. As the largest
freshwater lakes in China, Poyang Lake plays a critical role in
modulating local dry/wet conditions, shipping and tansprtation, and the
eco-system of the lake's drainage basin. However, due to its complex
hydrological properties, the Poyang Lake region has been the most
frequently flooded and drought area in China, and the severity of these
extreme conditions appeared to have increased in recent years. On the
other hand, water quality of Poyang Lake has been reported to have
declined recently, causing numerous problems and posing a significant
threat to both animals and humans. Despite these known problems, due
to technical difficulties, to date long-term, quantitative records of
Poyang Lake's water quantity (e. g. , lake size) and water quality are
still lacking, let alone the knowledge on what drove the long-term
changes. In this study, several techniques were developed to combine
long-term remote sensing, meteorological, and hydrological observations
to: quantify the spatial and temporal changes of Poyang Lake's volume
and water quality; and document and understand how these changes are
affected by natural and human forces. The study led to not only new
methods and algorithms on remote sensing of lake's environment but also
several significant findings, most of which have been published in peer-
reviewed literature by myself and my coauthors. The main contents of this

dissertation are separated into several chapters: ①long-term changes in Poyang Lake's inundation area (size); ② long-term changes in Poyang Lake's suspended sediment concentrations (water quality); ③ estimation of Poyang Lake's bottom topography; ④ long-term changes of Poyang Lake's water volume; and finally ⑤ impact of the Three Gorges Dam (TGD) on the downstream environments.

First, using Moderate Resolution Imaging Spectroradiometer (MODIS) medium-resolution (250-m) data collected between 2000 and 2010 and an objective water/land delineation method, I documented and studied the short- and long-term characteristics of Poyang Lake's inundation. Significant seasonality and inter-annual variability were found in the monthly and annual mean inundation areas. The inundation area ranged between 714.1 km^2 in October 2009 and 3 162.9 km^2 in August 2010, and the inundation area during any particular year could change by a factor of 2.3-3.2. During the 11-year period, the maximum possible inundation area was 14 times the minimum possible inundation area, indicating extreme variability. Both the annual mean and minimum inundation areas showed statistically significant declining trends from 2000 to 2010 (-30.2 km^2/a and -23.9 km^2/a, $P<0.05$). The changes of the inundation area were primarily driven by local precipitation during non-summer months, while during summer months of July to September when the outflow into the Yangtze River was impeded the effect of precipitation became less significant. These results provide long-term baseline data to monitor future changes in Poyang Lake's inundation area in a timely fashion, for example quantifying the extreme drought conditions during spring 2011.

Then, a robust remote sensing algorithm to estimate concentrations of total suspended sediments (TSS) in Poyang Lake was developed using MODIS data from 2000 to 2010 and in situ data collected from two cruise surveys. The algorithm was based on atmospherically corrected surface reflectance at 645 nm, with the 1 240 nm data serving as a reference for aerosols and a nearest-neighboring method to avoid the land adjacency effect. The algorithm showed an uncertainty of 30% ~ 40% for TSS ranging between $3 - 200$ mg $\cdot$ L^{-1}. Long-term TSS distribution maps derived from the MODIS data and the customized TSS algorithm showed significant variations in both space and time, with low TSS (< 10 mg $\cdot$ L^{-1}) in wet seasons and much higher TSS (> $15-20$ mg $\cdot$ L^{-1}) in dry seasons for the south lake, and generally higher TSS in the north lake. The TSS difference between the north and the south increased significantly after 2002, with mean TSS often reaching > 40 mg $\cdot$ L^{-1} in the north. While the TSS seasonality was attributed to the seasonal changes of the lake's dominant current, the inter-annual variations were primarily driven by sand dredging activities, regulated by management policies. These case results provide baseline water quality information for future restoration efforts and a general approach to assess water quality changes in other similar water bodies in response to both climate variability and human activities.

In order to estimate Poyang Lake's volume, the first step was to derive its bottom topography. Using MODIS 250-m resolution data, I developed a novel approach to derive the bottom topography of Poyang Lake for every year between 2000 and 2009. The approach differs from other traditional methods (sonar, Lidar, optical inversion, and Radar) but takes advantage of the fast-changing nature of the lake's inundation area. On every image, the water/land boundary is effectively a topographic isobath after correction for the water level gradient. Thus, the about 10/year carefully selected MODIS images provided incremental topographic isobaths, from which bottom topography was derived every year. Such-derived topographic maps were validated using limited historical data and other consistency checks. Most of the lake bottom showed an elevation of 12 m to 17 m (referenced against the elevation reference of the Woosung Horizontal Zero). Significant inter-annual variability of the bottom topography from 2000 to 2009 was found for some of the lake's bottom, with more areas associated with bottom elevation increases than decreases. The changes and inter-annual variability in the bottom topography were attributed to the combined effect of human activities (e. g. , sand dredging and levee construction) and weather events. One example was the increased bottom elevation from 2002 to 2003, which was apparently due to the excessive precipitation in 2002 and the impoundment of the Three-Gorges Dam in 2003.

The above-derived Poyang Lake bottom topography was combined with the lake's water-land boundary, also derived from MODIS measurements, to estimate the lake's volume at any MODIS measurement time. This information was used together with hydrologic and meteorological data to develop a box model to estimate the water exchange between Poyang Lake and Changjiang (Yangtze) River from 2000 to 2009. Significant intra- and inter-annual variability of the water budget was found, with an annual mean outflow of Poyang Lake of 120.2 ± 31.2 billion m^3 during 2000-2009 and a declining trend of 5.7 billion m^3/a ($P=0.09$). The impoundment of the TGD on the Changjiang River in June 2003 led to a rapid lake-river outflow of 760.6 million $m^3 \cdot d^{-1}$, resulting in a loss of 7 864.5 million m^3 of water from the lake in a short period.

Ever since its planning in the 1990s, the TGD caused endless debates in China on its potential impacts on the environments and humans. Yet to date synoptic assessment of environmental changes and their potential linkage with the TGD is still lacking. The above analyses already showed the impact of the TGD on the Poyang Lake's water budget during the TGD impoundment year of 2003, and the impact of the TGD on the downstream water environment is further analyzed here by combing remote sensing, meteorological, and hydrological observations. A 10-year MODIS time-series from 2000 to 2009 revealed significantly decreasing trends (3.3%/year) in the inundation areas of Poyang Lake downstream of the TGD since its impoundment in 2003, after which both relative humidity and surface runoff coefficient of the lake' drainage also dropped dramatically. In addition, Dongting Lake, which shares almost identical hydrological and geographic characteristics of Poyang Lake, also experienced similar decreasing trend in inundation area and relative humidity. The results provide unprecedented information on the linkage of the TGD and the downstream lake environments.

Key words: Poyang Lake; Remote Sensing; MODIS; Suspended Sediment; Inundation Area; Bottom Topography; Water Budget; Three Gorges Dam

目　　录

第1章 绪 论

1.1 研究背景

湖泊是地球表层系统各圈层相互作用的支点，是陆地水圈的重要组成部分，与生物圈、大气圈、岩石圈等有着紧密的联系，具有调节区域气候、记录区域环境变化、维持区域生态系统平衡和繁衍生物多样性的特殊功能。另外，湖泊作为重要的国土资源，具有发展灌溉，提供工业和饮用的水源，繁衍水生生物，沟通航运，改善区域生态环境以及开发矿产等多种功能，在国民经济的发展中发挥着重要作用。湖泊及其流域是人类赖以生存的重要场所，对湖泊水资源水环境问题的研究早已列入联合国教科文组织国际水文计划全球性变化与水资源主题的核心研究内容；同时，也是国际地圈生物圈计划(International Geosphere-Biosphere Program，IGBP)第II研究阶段的地球可持续发展计划之一——全球水资源计划的核心研究内容(刘清春等，2005)。

随着全球气候变暖及人类活动的加剧，内陆水体尤其是湖泊面临面积减小、水质下降(例如富营养化)等一系列日趋恶化的问题，严重威胁了湖泊正常的生态功能。我国湖泊正经历剧烈变化，面积萎缩、水质恶化、生态环境遭受严重破坏、湖泊功能和效益不断下降等一系列问题日益凸显。2012年发布的《长江保护与发展报告2011》显示：近50年来，全国1 km^{2}以上的湖泊有243个面积在消亡。2007年5月发生在无锡的5·29太湖饮用水危机事件，导致了湖泊流域珍稀水生物种数目锐减；2011年长江中下游湖泊出现历史罕见的干旱等。这些现象均突出表明了我国经济高速增长所累积的水环境问题已开始进入集中爆发的高发期。湖泊水环境研究不仅关系到湖泊流域的区域可持续发展，更是实现区域生态经济可持续发展和国家安全稳定的战略需求。

气候变化与人类活动是影响湖泊水环境的两大主要因素。多年观测与相关研究表明，气候变化是影响湖泊水位下降和湖面萎缩的直接因素之一，人为活动则是致使水环境恶化的重要因素。近几十年来受到大坝或涵闸阻断，长江流域许多通江湖泊失去了与长江的天然水力联系，导致湖泊换水周期延长，对污染物的净化和水体自净能力下降，加重湖泊水质恶化和富营养化趋势，致使蓝藻爆发等事件频发。对于长江中下游地区而言，三峡工程等重大水利工程不可避免地改变了其下游水文情势，并对沿岸生态环境、江湖关系产生显著影响。因此，动态评估自然气候条件与人为活动对湖泊水环境的影响程度以及预测其发展趋势，是维护湖泊水生态安全的重要保障，可为应对全球变化提供重要的区域信息，为指导区域生态经济可持续发展提供技术支撑。

1.2 研 究 意 义

长江中下游依附着数以千计的浅水湖泊，其中大部分都直接或间接与长江相通，习称为通江湖泊。湖泊与长江干流的相互作用十分显著，共同构成了一个完整的江湖复合生态系统（Potamo-Lacustrine Complex Escosystem）（茹辉军等，2008），并发挥着调蓄洪水、维系生物多样性等重要的生态功能（陈进等，2005）。然而，20 世纪 50 年代以来，大量筑坝建闸活动使得许多湖泊与长江之间的天然连通关系受到严重阻碍。目前，长江水系除鄱阳湖、洞庭湖和石臼湖外，都已经建有闸坝。

作为我国最大的通江湖泊，鄱阳湖位于江西省北部、长江南岸（经纬度坐标为：$28°22' \sim 29°45'N$，$115°47' \sim 116°45'E$），它也是我国第一大淡水湖泊（第一大湖泊青海湖为咸水湖泊）。湖口水位在 21.71 m 时，整个湖区平均水深 8.4 m，容积约为 276 亿 m^3。湖泊流域面积为 162 225 km^2，约占江西省面积的 97%。鄱阳湖承纳江西省境内赣江、抚河、信江、饶河和修水五大河流(下称五河)的来水,水流由南至北,在湖口注入长江(如图1-1所示),其年平均流量达1 436亿 m³,大于黄河、淮河和海河入海径流量的综合,水资源量相当丰富。鄱阳湖是一个过水性吞吐型湖泊,湖面面积季节性变化十分显著。洪水季节,烟波浩渺,呈"湖相";枯水季节,湖面萎缩,呈"河相"。这种时令性的水陆交替特征为湖滩草洲湿地生态系统的发育提供了良好的条件。鄱阳湖湿地丰富的挺水植物和沉水植物给候鸟提供了食物,每年都有成千上万只候鸟来此处过冬(李凤山等,2005),其中包括世界上一半数量的易危物种鸿雁(Ansercygnoides)和白枕鹤(Grusvipio)。目前,鄱阳湖国家级自然保护区是我国列入国际重要湿地名录的七个自然保护区之一。

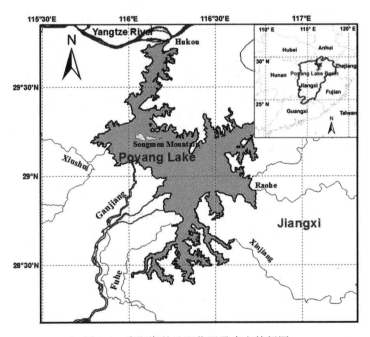

图1-1 鄱阳湖的地理位置及水文特征图

优越的水资源环境、浩瀚的鄱阳湖水域孕育了丰富的淡水生物资源。渔业成为沿湖人民经济活动的主要来源,并有着悠久的历史。唐代诗人王勃的诗句"渔舟唱晚，响彻彭蠡之滨"就描绘了当时鄱阳湖渔业的兴盛景象。目前，鄱阳湖区是江西省最大的商品鱼集中产地，也是全国重要的淡水渔业基地之一(杨富亿等，2011)。此外，鄱阳湖生存有多种濒临灭绝的水生动物，是长江中下游珍稀鱼类产卵和生长的场所。鄱阳湖水系分布的珍稀鱼类共 133 种，这包括全球易危种江豚(Neophocaenaphocaenoides，450 头左右，占整个长江的 1/4 到 1/3)和獐(Hydropotesinermis)、极度濒危物种白鲟(Psephurusgladius)(世上最大的淡水鱼类之一，有可能已经灭绝)(Finlayson et al.，2010)。

鄱阳湖流域受季风气候的影响，降水量季节性变化十分显著(如图 1-2 所示)，进而导致湖泊水面积的高动态变化。同时，鄱阳湖受江(长江)、河(五河)水位的双重作用。一般情况下，鄱阳湖湖流由南及北注入长江，但在每年 7~9 月份，当长江处于高水位时，湖至江水流会受到顶托，甚至会出现江水倒灌的现象(张本，1988)。复杂的水文条件使得鄱阳湖流域成为了中国旱涝发生最频繁的地区之一。通过对历史数据分析，毛端谦(1992)指出鄱阳湖区的水灾平均三年出现一次，而旱灾七年出现一次。然而，近年来，水旱灾害的频率和强度都有明显的增大趋势。例如，2007 年和 2009 年都出现了长时间干旱，造成湖区数十万人饮水困难。2011 年的春旱更是使得鄱阳湖干涸，湖底大面积裸露，严重破坏了当地的湿地生态环境 (http://www.shidi.org/sf_D571FF D37F1441B8972CE03A9291AED1_151_minqian.html)。而 1998 年和 2010 年的特大洪涝都给江西省带来了数百亿元人民币的损失。这些自然灾害不仅影响了鄱阳湖流域的水生态安全，更制约了当地社会经济发展和人民生活水平的提高。

除自然因素外，人为活动也直接或间接地影响着鄱阳湖水旱灾情的发生频率和严重程度，而目前最受关注的问题则是长江三峡工程对鄱阳湖的影响。2003 年，三峡大坝截留蓄水，改变了长江中下游径流的季节性分布，从而影响了江-湖水系的水文特征(Xu et al.，2009)。因而，人们很容易将近年来频发的水旱灾害与三峡工程的建设联系起来，甚至许多人认为三峡截留是导致这些灾害发生

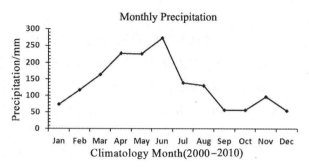

图 1-2　鄱阳湖 2000—2010 年月降雨量平均值，其中 4~6 月份的降雨量最大

的 主 要 原 因 (http://www. jx. xinhuanet. com/news/2011-06/01/
content_22906996. htm)。然而，到目前为止，还没有足够的科学依
据来证明这些猜测的正确性。此外，鄱阳湖流域的一系列经济活动
可能影响湖底地形的时空分布格局，其对应水文条件的变化从某种
程度上加剧了湖泊的水旱灾情。例如，多年来鄱阳湖区的过度围垦
直接抬升湖底高程（刘圣中，2007），致使湖泊的调蓄能力较小。
另外，鄱阳流域一直是我国水土流失最为严重的区域（师哲等，
2008；Chen et al.，2007），五河携带大量的泥沙淤积湖底，引起湖
盆抬升而湖泊水位随之相对升高。

　　另一方面，鄱阳湖水质状况也呈日益恶化的趋势，保护鄱阳湖
"一湖清水"迫在眉睫。从 2001 年长江全面禁砂以来，大量采砂船
只涌入鄱阳湖，采砂成为了当地一项重要的经济活动。采砂活动不
仅改变了湖泊的水文过程，更直接造成了悬浮泥沙浓度的增加和水
体透明度的降低（邬国锋等，2009）。因此，水生植被的生长遭受
严重影响，从而破坏了鄱阳湖的湿地生态环境。此外，随着江西省
经济的快速发展和城市化进程的加快，湖区地表径流与五河所携带
的面源污染、大量的工业废水和生活污水汇入鄱阳湖，湖泊的水体
污染呈上升趋势。研究表明，鄱阳湖的水质污染中 COD、氮磷等
营养盐，以及重金属含量在局部水域严重超标（夏黎莉等，2007；
万金保等，2006）。这些营养物质和重金属在悬浮泥沙上富集、搬

运，不仅给水生生物的生存和繁衍带来影响，更直接威胁了湖区的
饮用水安全。

目前，鄱阳湖的水沙动态变化过程已经成为湖泊水生态安全需
要考虑的重要问题。国务院2009年12月12日正式批复了《鄱阳湖
生态经济区规划》，鄱阳湖生态经济区建设已经上升为国家战略，
这是新中国成立以来江西省第一个上升为国家战略的区域性发展规
划。根据《规划》，鄱阳湖生态经济区的发展定位中明确提出了要
建设长江中下游水生态安全保障区。另外，鄱阳湖水利枢纽工程已
上报国家发展与改革委员会，并通过国家环境影响评价(新华网，
2012年2月1日)，工程建设之后的湖泊调度势必引起鄱阳湖水环
境时空格局发生重大变化。然而，到目前为止，鄱阳湖重要的水环
境因子(水面积、湖底地形、水量平衡、悬浮泥沙浓度等)的长时
序数据还是未知的，更无法获取其长短期的变化特征及规律。因
此，开展鄱阳湖水沙时空动态及其驱动机制研究，能为鄱阳湖维护
"一湖清水"战略及其流域的防洪抗旱、水生态保护、重大水利工
程建设以及国家战略问题的决策提供理论基础。

然而，作为通江湖泊的典型性代表，鄱阳湖水体具有范围广、
高动态等特点，这使得常规观测手段难以满足水环境快速同步监测
的需求。例如，鄱阳湖水体平均在21天左右更新一次，作为吞吐
型过水湖泊，频繁的水体交换使湖泊水环境特征变化较快。卫星遥
感一方面具有大尺度、周期短、快速同步等获取水体信息的优点，
能有效弥补常规观测方法的不足。另一方面，遥感通过几十年的发
展，已经积累了丰富的数据资源，这为水环境时空动态及其发展趋
势研究提供了可能。目前，遥感作为水环境生态监测的重要手段，
在内陆湖泊以及海岸带水体都已经开展了广泛的应用研究。本文将
以鄱阳湖为例，结合遥感数据与实测气象、水文数据，研究获取高
动态通江湖泊水沙时空分布的新方法，并探讨引起湖泊变化的各种
驱动因素。其中提出的一系列方法对类似通江湖泊的水环境研究具
有重要的参考价值。

1.3　国内外的现状与发展趋势

1.3.1　湖泊水量变化研究现状

在过去几十年中，气候变化和人类活动使得地球上很多湖泊在大小、形状及其生态功能上发生了重大转变（Awange et al.，2008；George et al.，2007；Hampton et al.，2008；Lennox et al.，2010；Stevenson et al.，2010）。例如，过去 50 年的全球变暖和降水变化使得阿拉斯加以及中国西北部湖泊的分布格局发生了改变（Bryant，2009；Yu et al.，2010）。有"世界屋脊"以及"第三极"之称的中国西藏，随着气温升高带来的冰雪融化导致当地的湖泊面积迅速扩张（Bianduo et al.，2010；Bianduo et al.，2009；Wu et al.，2008）。另外，在中国很多半干旱地区，由于降水与蒸发条件的变化等致使许多湖泊减小甚至消亡（Ma et al.，2010）。总之，不同区域的湖泊变化可能源于气候变化（例如埃塞俄比亚的 Tana 湖（Kebede et al.，2006）），也可能受到人类活动的影响，例如围湖造田、大坝建设等（Hinkel et al.，2007；殷立琼等，2005）。

遥感数据具有范围广、周期短等特点，目前已经成为研究湖泊形态变化最有效的手段。国内外许多学者开展了此类研究，例如Plug 等（2008 年）利用 1978 年到 2001 年的 6 景 Landsat TM 影像监测了加拿大 Tundra 湖的变化；Ma 等（2010 年）利用 2.4 万景卫星数据和数字化地图研究了中国近 50 年来的湖泊面积及分布的格局。然而，众多的成功案例都是基于湖泊面积在短期内（数周或数月）相对稳定的前提，用少数几个时相的遥感数据就能很好地描述其变化状况。但是，对于像都阳湖这样的高动态通江湖泊，重访周期较长的遥感影像（例如 Landsat TM/ETM+，16 天）不足以捕获其快速变化的特征。

对于湖泊水量的时空变化以及驱动因子，国内外学者做了大量的研究。Frappart 等（2005 年）利用合成孔径雷达(SAR)、卫星测高及实测水文数据估算了流域水量的时空变化；舒卫先等（2008 年）

基于分布式水文模型结合湖泊水量平衡模型，建立了青海湖水位（水量）模型；而逯庆章等（2010 年）利用 1959—2004 年的资料建立湖面降水、地表水入湖、地下水补给及湖面蒸发耗水之间的水量平衡方程，对青海湖水位、水量的变化进行动态分析；Siddique-E-Akbor et al.（2011 年）将流体动力学–水文学模型与卫星测高数据相结合，用于估测水位；辛晓冬等（2009 年）基于 1980 年地形图和 1988 年、2001 年 Landsat 数据以及 2005 年中巴资源卫星数据，对藏东南然乌湖流域 1980—2005 年冰川和湖泊的面积变化进行了研究。以上不同区域的研究成果表明，湖泊水量的动态变化主要受气候和人类活动的双重影响（白丽等，2010），而不同区域湖泊水量动态变化的主控因子也有所不同。通过对典型湖泊的实例分析发现：干旱、半干旱地区的湖泊水量的变化主要受流域降水和湖面蒸发等气候变化的综合作用（舒卫先等，2008；刘萍萍等，2009；辛晓冬等，2009），而湿润地区湖泊水量变化主要受控于流域降水量，对蒸发并不敏感。除气候这一主要因素外，改变土地利用方式（Siddique-E-Akbor et al.，2011）、农业灌溉（刘萍萍等，2009；Frappart et al.，2005）及兴建水利工程（白丽等，2010）等人类活动可在较短时期内使湖泊水量发生变化。

然而，准确估算高动态鄱阳湖水量收支状况面临较大挑战：（1）长江和鄱阳湖水的频繁交换导致水体流向与流量均具有不确定性，而且，鄱阳湖五大支流汇入，加之复杂多变的湖底地形以及高动态的水体范围变化，仅利用少量水文站实测水位数据无法准确估算湖泊水量。（2）对于鄱阳湖水量的高动态变化特征，尚缺乏从长期趋势和短期动态过程上的全面认识，鄱阳湖水量收支动态的驱动因子和作用机制还有待进一步研究。

1.3.2 遥感监测水体悬浮泥沙研究进展

自 20 世纪 70 年代第一颗水色卫星传感器（CZCS）发射以来，利用遥感实现对重要水质参数的高精确反演一直是研究的热点。目前，遥感主要能获取的水质参数（一般称为水色要素）是悬浮泥沙

（或称为悬浮颗粒物，Suspended Sediment）、叶绿素（Chlorophyll）和有色可溶性有机物（或称为黄色物质，Colored Dissolved Organic Matter，CDOM）。国内外学者针对水色要素的定量反演算法做出了大量的研究工作，水色遥感的理论与应用研究也得到了长足发展。特别是对于大洋水体（Ⅰ类水体）的叶绿素反演，目前针对美国航空航天局 NASA 发射的 CZCS、SeaWIFS、MODIS 以及欧空局的 MERIS 数据都已经有业务化的标准算法，其反演误差可以控制在 30% 以内（O' Reilly et al.，2000）。但是，针对内陆或近岸水体（Ⅱ水体），由于其光学特性的复杂性以及地域性差异，没有普适性的算法能够解决水色要素的反演问题。

悬浮泥沙浓度（或浑浊度）是表征内陆湖泊和海岸带水体水质状况的重要参数之一（悬浮泥沙浓度是水体浑浊度的主导因素，因此这两个概念在水色遥感研究中可以互换（Ritchie et al.，2003））。水体中的悬浮泥沙能调节水下光的透射率，进而影响水生植被的生长状况（Erftemeijer et al.，2006；Moore et al.，1997）。此外，污染物和陆源重金属可以被泥沙富集并在水环境中输移，从而可能影响人类和水生物的健康状况（Novotny et al.，1989；Tabata et al.，2009）。

自然条件变化或者人类活动都会对悬浮泥沙的分布状况产生影响。例如，一场风暴就能引起大范围的泥沙搬运和再悬浮（Acker et al.，2004；Chen et al.，2009），大坝建设将会引起下游水体浑浊度和生态环境发生改变（Lane et al.，2002；Vörösmarty et al.，2003；Walker et al.，2005），甚至作为解决海岸带侵蚀问题的人工育滩都往往会促使近岸悬浮泥沙浓度增加，从而威胁到区域的水生态安全（Wilber et al.，2006）。考虑到海岸带与内陆大型湖泊水体本身的高动态变化特征及其广阔的水域面积，遥感是大范围准确获取其悬浮泥沙分布的唯一有效手段。诚然，定量获取悬浮泥沙含量不仅是估算入海和入湖泥沙的重要数据基础，更可以用来辅助航线设计、港口建设等。

水体浑浊度的估算是利用遥感监测水质参数的最早应用，从

9

1972 年第一颗陆地卫星成功发射以来，国内外众多学者针对不同的传感器及其波段设置提出了多种遥感反演悬浮泥沙浓度的方法。其中，最常见的是利用红光波段（600～700 nm）的地表反射率与实测水体悬浮泥沙浓度之间建立经验关系模型，例如 Landsat TM/ETM+ 的第三波段和 MODIS 的第一波段（Hu et al.，2004；Shi et al.，2009；Miller et al.，2004）。单波段模型的理论依据是，悬浮颗粒物在红光谱段的后向散射信号比纯水与叶绿素等物质的吸收信号强得多（Mobley，1994）。然而，也有学者指出，波段比值的方法不仅可以准确地反演悬浮泥沙浓度，更能有效避免由于颗粒物的粒径、密度等差异所引入的模型误差（Doxaran et al.，2002；Moore et al.，1999）。同时，随着计算机与人工智能技术的发展，光谱混合分析、人工神经网络等方法也被成功运用到海岸带或内陆水体的浑浊度反演中（Mertes et al.，1993；Keiner et al.，1998；Wang et al.，2008）。

　　然而，对于内陆湖泊水体而言，实现悬浮泥沙浓度时空分布的统计学分析是目前研究的难点问题。由于湖泊水文状况的高动态变化特征，悬浮泥沙的时空格局在时刻发生改变。一方面，传统的采样方法难以大范围获取悬浮泥沙的分布状况；另一方面，虽然遥感在理论上提高了数据覆盖率，但是常常受到云覆盖、算法缺陷、邻近效应以及空间分辨率不足等条件的限制，这也正是鄱阳湖悬浮泥沙遥感监测目前所面临的严重问题。

　　研究表明，近年来，鄱阳湖由于悬浮泥沙含量的增加带来的水质恶化，直接导致鱼类数目递减（钟业喜等，2005）。另外，作为鄱阳湖湿地候鸟的主要食物来源的苦草（Vallisneriaspiralis L）等水生植被的生长状况（Wu et al.，2005）也受到严重威胁。然而，尽管已经意识到鄱阳湖水环境变化带来的严重问题，到目前为止，还没有一个系统的研究来评估鄱阳湖长时间的水质变化状况，其悬浮泥沙时空格局与气候变化或人类活动之间的关系基本上还处于未知的状态。因此，亟需通过遥感获取长时序悬浮泥沙分布，并分析泥沙的时空动态与气候变化或人类活动的潜在关系。

1.4 本文研究内容与组织结构

1.4.1 研究目的

针对目前亟待解决的通江湖泊水沙问题,选择我国第一大通江湖泊——鄱阳湖,利用遥感数据研究湖泊水沙的长期趋势与短期变化过程,从整体上认识气候变化与人为活动影响下,鄱阳湖水面积、悬浮泥沙、湖底地形以及水量收支等环境要素的时空变化过程及其作用机理,为湖泊水生态安全、区域生态经济可持续发展提供科学信息支持。

1.4.2 研究内容

本论文拟利用长时间序列的遥感数据及实测气象、水文数据,监测与分析鄱阳湖水沙的变化及其影响机制,具体研究内容主要包括以下几点:

基于长时序 MODIS 遥感影像的鄱阳湖水面积分析:利用 2000—2010 年鄱阳湖区域所有无云的 MODIS 250 m 分辨率数据,对 11 年间的鄱阳湖水面积进行提取与统计分析,并探讨气候条件对鄱阳湖水面积的影响。

鄱阳湖悬浮泥沙的时空动态及形成机制:在鄱阳湖水面积研究的基础上,探讨湖泊水质的长时序变化,重点分析悬浮泥沙浓度的时空分布特征。解析实测悬浮泥沙和 MODIS 反射率之间的关系,建立鄱阳湖泥沙遥感反演的有效模型。在此基础上,分析鄱阳湖悬浮泥沙多年的时空分布格局,并深入探讨人类活动(采砂)对湖泊水质的影响。

基于遥感数据的鄱阳湖湖底地形提取:利用鄱阳湖水体范围的高动态特征,结合实测水文数据和 MODIS 提取的水体范围图谱,获取鄱阳湖水底地形及其多年的变化特征。研究湖底地形对湖盆冲淤变化及采砂活动等自然和人为活动的响应。

鄱阳湖水量收支动态研究:结合水体范围图谱与湖底地形数

据，估算鄱阳湖蓄水量。利用多时相遥感获取的湖泊蓄水量变化，并结合流域实测水文及湖泊降水等气象数据估算鄱阳湖逐月的水量收支状况，并分析多年来湖泊水量收支的动态特征。

三峡工程对鄱阳湖的影响：从水面积、水量平衡等角度分析2003年三峡大坝截留蓄水以来鄱阳湖水文格局的一系列变化，并尝试将这些变化与三峡工程建设联系起来。同时，通过对洞庭湖的类比分析，初步探索了三峡工程给长江中下游通江湖泊的影响。

1.4.3　论文组织结构

第一章：绪论。主要介绍了湖泊研究的背景及目前通江湖泊所面临的一系列水环境问题。并结合国内外研究现状，阐述了鄱阳湖水沙研究的科学和现实意义。

第二章：针对高动态湖泊应用的数据选择及预处理。介绍了鄱阳湖水沙研究所用到的各种遥感数据以及传感器选择的依据。同时，还分析了各种气象参数、水文数据以及湖泊调查数据的获取手段、处理方式及其精度。

第三章：鄱阳湖水体范围时空动态及其驱动机制。提出鄱阳湖水面积的提取方法，并分析鄱阳湖水面积的季节性与年际变化及其驱动机制。

第四章：鄱阳湖悬浮泥沙的时空分布及采砂活动的影响。解决鄱阳湖悬浮泥沙遥感反演遇到的一系列问题，并通过分析泥沙浓度的年际变化，探讨鄱阳湖采砂对其悬浮泥沙时空格局的影响。

第五章：高动态湖泊湖底地形的遥感监测。建立了一种高动态湖泊湖底地形的提取方法，同时探讨了鄱阳湖湖底地形多年的时空动态特征。

第六章：遥感获取高动态通江湖泊水量收支状况。提出一种高动态湖泊的水量收支的估算方法，并分析鄱阳湖水量收支的长时序动态特征。

第七章：三峡工程对鄱阳湖水面积影响的初步分析。初步探讨三峡工程建设对鄱阳湖水文格局的影响。

第八章：结论与展望。对全文的研究成果进行总结，提炼论文的创新之处与特色，最后对未来的鄱阳湖及其他通江湖泊水环境研究进行展望。

第 2 章　针对高动态湖泊应用的
数据选择及预处理

本章主要针对鄱阳湖复杂的水文过程及水体范围的高动态变化特征,从数据的时空分辨率与解析能力出发,分析不同数据源的优势与不足,选取合适的遥感及其辅助数据,用以实现对高动态湖泊水沙长时序格局研究。在分析湖泊水沙主要影响因子的基础上,选择了相应的气象及水文数据,并设计了相应的现场观测实验。本研究对于高动态水体遥感监测的数据选择及预处理方法有指导意义。

2.1　遥感影像数据

2.1.1　中分辨率成像光谱仪(MODIS)

遥感具有范围广、时效性强等特点,目前已经在水环境实时监控及保护中有着广泛应用。而主要被使用的遥感数据有两种,一种是接收可见光和近红外电磁波反射信号的光学传感器,另一种则是发射和接收微波信号的雷达辐射计。但一般而言,星载雷达遥感数据的时间分辨率以及数据质量都难以与光学传感器相媲美,且数据难以获取(费用较高),因此本研究选用后者作为主要的数据源。光学传感器影像也是环境遥感中最常用的数据源,一般的工作波段有如下几个:可见光到近红外波段(Visible-NIR, 0.4~1.3 μm)、短波红外(SWIR, 1.3~3.0 μm)、热红外(TIR, 3.0~15.0 μm)和长波红外(LWIR, 7.0~14.0 μm)。表 2-1 列举了目前主要光学传感器的参数特征。

Landsat-1~7(陆地卫星)影像一直是应用最多的数据之一,主要是因为它具有四十余年的时间序列(1972年至今)和较高的空间分辨率(30~78 m)。法国空间研究中心(CNES)发射的 SPOT (Systeme Probatoired' Observationdela Tarre)系列卫星也是从20世纪80年代开始获取数据,空间分辨率优于 Landsat 影像,但是其重访周期比 Landsat 长10天。高分辨的商业卫星数据,例如 IKONOS、QuickBird 等,空间分辨率的优势决定其可以更准确地区分水陆边界,但是昂贵的费用限制了长时间序列的应用。最近,我国于2008年发射的环境与灾害监测预报(简称环境减灾)小卫星 HJ-1A/1BCCD 传感器,韩国海洋与发展研究所于2009年发射的世界上第一颗海洋静止传感器 GOCI(Geostationary Ocean Color Imager),都为水环境遥感提供了新的数据源。但是由于两者都是最新发射的传感器,没有获取水环境的历史信息,短期的数据难以反映长期的过程,因此无法用其独立完成长时序的水环境动态变化监测研究。针对水质水量高动态变化的鄱阳湖,由于受到云覆盖的影响,重访周期较长的 Landsat 或 SPOT 数据都难以准确地获取其变化特征,而时间分辨率较高的 GOCI 在鄱阳湖区没有数据覆盖。因此,本研究拟采用 MODIS(MODerate-resolution Imaging Spectroradiometer)数据作为主要的数据源来对鄱阳湖水环境参数进行研究。

表 2-1　　水环境遥感研究用到的主要光学传感器简介

Satellite	Sensors	Operation Time	Resolution /m	Revisiting time
Landsat-1, 2, 3	MSS	1972—1982	78	16 d
Landsat-4, 5	MSS/TM	1982—1999	78/30	16 d
Landsat-7	ETM+	1999—	30	16 d
SPOT-1, 2, 3	HRV	1986—	10/20	26 d
SPOT-4	HRVIR	1998—	10/20	26 d

续表

Satellite	Sensors	Operation Time	Resolution /m	Revisiting time
SPOT-5	Panchromatic/ Multispectral	2002—	5/10/20	26 d
IKONOS	Panchromatic/ Multispectral	1999—	1/4	3 d
Quick Bird	Panchromatic/ Multispectral	2001—	0.61/4	1—6 d
Terra/Aqua	MODIS	1999—/ 2002—	250/500 /1 000	2 images/d
GOCI	COMS	2010—	500	1h
HJ-CCD	HJ-1A/1B	2008—	30	2 d

　　搭载在 Terra 和 Aqua 两颗卫星上的 MODIS 传感器是美国地球观测系统(EOS)计划中用于观测全球生物和物理过程的重要仪器，它具有 36 个光谱波段，东西幅宽约 2 330 km，垂直观测视场±55°，数据的空间分辨率有三种，分别为 250 m、500 m 和 1 000 m(主要参数如表 2-2 所示)。在对地观测过程中，每秒可同时获得 6.1 Mbits 的来自大气、海洋和陆地表面的信息，每日或每两日可获取一次全球观测数据，其多波段数据可以同时提供反映陆地、云边界、云特性、海洋水色、浮游植物、生物地理、化学、大气中水汽、云顶温度、大气温度、地表温度、臭氧和云顶高度等特征的信息，因此被广泛应用于对陆表、生物圈、固态地球、大气和海洋的长期全球观测(刘玉洁等，2001)。Terra 和 Aqua 分别于 2000 年和 2002 年开始获取数据，其中 Terra 为"上午星"，在当地时间上午 10∶30左右过境，Aqua 为"下午星"，在当地时间下午1∶30左右过境。由于 MODIS 数据的高时间(鄱阳湖区域 1 天 2 景)和较高空间分辨率(陆地波段为 250 m)，因此是研究鄱阳湖的长、短期水环境

变化的最佳数据源。

表 2-2　　**MODIS 各个波段技术性能指标(刘良明，2005)**

主要用途	波段	波长范围 /nm	分辨率 /m	各光谱辐射率 /wm^{-2}μm^{-1}sr^{-1}	信噪比
陆地/云 /气溶胶边界	1	620~670	250	21.8	128
	2	841~876	250	24.7	201
陆地/云 /气溶胶特性	3	459~479	500	35.3	243
	4	545~565	500	29.0	228
	5	1 230~1 250	500	5.4	74
	6	1 628~1 652	500	7.3	275
	7	2 105~2 155	500	1.0	110
海洋水色 /漂游植物 /生物化学特性	8	405~420	1 000	44.9	880
	9	438~448	1 000	41.9	838
	10	483~493	1 000	32.1	802
	11	526~536	1 000	27.9	754
	12	546~556	1 000	21.0	750
	13	662~672	1 000	9.5	910
	14	673~683	1 000	8.7	1 087
	15	743~753	1 000	10.2	586
	16	862~877	1 000	6.2	516
水蒸气	17	890~920	1 000	10.0	167
	18	931~941	1 000	3.6	57
	19	915~965	1 000	15.0	250
地表/ 云温度	20	3 660~3 840	1 000	0.45	0.05 NEΔT
	21	3 929~3 989	1 000	2.38	2.00 NEΔT
	22	3 929~3 989	1 000	0.67	0.07 NEΔT
	23	4 020~4 080	1 000	0.79	0.07 NEΔT

主要用途	波段	波长范围 /nm	分辨率 /m	各光谱辐射率 /wm^{-2}μm^{-1}sr^{-1}	信噪比
大气温度	24	4 433~4 498	1 000	0.17	0.25 NEΔT
	25	4 482~4 549	1 000	0.59	0.25 NEΔT
卷云/ 水汽	26	1 360~1 390	1 000	6.00	150
	27	6 535~6 895	1 000	1.16	0.25 NEΔT
	28	7 175~7 475	1 000	2.18	0.25 NEΔT
云特性	29	8 400~8 700	1 000	9.58	0.25 NEΔT
臭氧	30	9 580~9 880	1 000	3.69	0.25 NEΔT
地面/ 云温度	31	10 780~11 280	1 000	9.55	0.05 NEΔT
	32	11 770~12 270	1 000	8.94	0.05 NEΔT
云顶高度	33	13 185~13 485	1 000	4.52	0.25 NEΔT
	34	13 485~13 785	1 000	3.76	0.25 NEΔT
	35	13 785~14 085	1 000	3.11	0.25 NEΔT
	36	14 085~14 385	1 000	2.08	0.25 NEΔT

注：NEΔT 即 Noise-equivalent temperature difference(噪声等效温差)。

　　MODIS L0 级产品(DN 值数据)是从美国国家航空航天局 NASA 戈达德太空飞行中心(Goddard Space Flight Center, GSFC)免费下载的。所有的数据都通过 SeaDAS6.0 进行辐射定标成星上辐射率。然而, 卫星传感器所获取的信号不仅包括陆地(水体)表面的信息, 还受到大气吸收和散射(大气程辐射)的影响。这部分信号在水体上对总信号的贡献特别明显, 其中来自于水体的离水辐射大约只占 10%, 而大气程辐射高达 90%(Gordon, 1997)。因此有效地剔除大气吸收和散射信号, 是水环境遥感应用中的首要问题。

　　大气中的臭氧、水汽、氧气、二氧化碳等分子可以对太阳辐射产生吸收作用, 而在实测操作中仅一般考虑臭氧的贡献, 计算公式为(Hu et al., 2004):

$$L_{t,\lambda}' = L_{t*}\exp\{k_{\text{ozone}}\text{DU}[\,1/\cos\theta_0 + 1/\cos\theta\,]/1\,000\} \qquad (2\text{-}1)$$

其中 L_t 为星上辐射率；k_{ozone} 为臭氧吸收系数；DU 为臭氧厚度（Dobson 单位）；θ 和 θ_0 分别为卫星和太阳的天顶角。

大气对太阳辐射的散射主要包括瑞利散射（或称分子散射）和气溶胶散射（或称米散射）两部分，分别约占总散射信号的 80% 和 20%。由于大气中的分子成分比较固定，可以通过数值计算准确获取瑞利散射的贡献（Gordon，1997）。而气溶胶成分、浓度和粒径分布都随时间、地域和高度的变化，因此难以估算其对遥感信号的贡献（Gordon，1997）。虽然经过几十年的发展，大气校正方法在开阔的大洋水体（I 类水体）上能获取较高精度的数据，例如美国航天航空局 NASA 开发的 SeaDAS 软件包中的标准大气校正算法（Gordon et al.，1994）。然而，对于内陆湖泊水体，由于其复杂的气溶胶与水体特征，目前还没有普适性的方法。针对鄱阳湖而言，利用 SeaDAS 进行数据处理时，湖区基本上被自动掩膜掉。因此，本文需要针对鄱阳湖采取区域性的大气校正方法。

在本研究中，先校正 MODIS 影像中的气体吸收和瑞利散射，得到瑞利校正反射率 $R_{\text{rc},\lambda}$（Hu，2009）：

$$R_{rc,\lambda} = \pi L_{t,\lambda}'/(F_{0,\lambda} \times \cos\theta_0) - R_{r,\lambda}, \qquad (2\text{-}2)$$

式中，λ 表示 MODIS 对应波段的波长；L_{t_λ} 为去除气体吸收之后的辐射率；F_0 为大气层外太阳辐照度；R_r 为瑞利散射（分子散射）反射率，可以通过 6S 辐射传输方程（Vermote et al.，1997）进行准确计算。为了书写方便，此处省略了 $R_{\text{rc},\lambda}$、R_r 和 L_t 等与太阳角度和观测几何的关系。

对 MODIS 影像数据进行几何校正和等距离圆柱体投影，然后利用三个波段（645、555 和 469 nm）生成为 250 m 分辨率的真彩色合成图像（RGB）。其中，500 m 分辨率的数据（469 和 555 nm）通过锐化的方法首先被重采样到 250 m（Pohl et al.，1998）。研究中，预计先采用精准的云掩膜方法（Ackerman et al.，1998）挑选无云影像，但结果发现此方法过于"保守"，很多厚气溶胶或者薄雾的数据都被判作云覆盖，于是本文主要采用对真彩色图像人工判读的方法挑选无云影像。从 2000 年 2 月到 2010 年 12 月间，MODIS 总共获取了鄱阳湖区 9 000 多张影像数据，而本文总共从中挑选出了 620 景无云的影像，如表 2-3 列出了数据的时间分布状况。很明显，MODIS 影像的季节性分布十分不均匀，在 2002 年后数量有明显增多（由于 Aqua 的发射）。然而，任意月份都至少有一景数据，而且绝大多数月份都至少有两景 MODIS 覆盖，如此高频率的覆盖度能确保捕获到鄱阳湖水环境要素的短期变化特征。此外，为了类比洞庭湖与鄱阳湖的水面积变化状况，同时获取了 520 景洞庭湖区的无云 MODIS 影像，其预处理的方法与鄱阳湖的数据相同。

表 2-3　　　**本章所选用的无云 MODIS 影像的时间分布**

年份	2000	2001	2002	2003	2004	2005	2006	2007	2008	2009	2010
Jan.	—	2	5	6	2	2	6	8	6	9	3
Feb.	1	1	1	4	5	1	1	8	6	4	3
Mar.	5	2	1	3	5	3	2	3	6	4	5
Apr.	1	2	1	2	7	3	3	3	8	8	2
May.	2	3	2	2	3	3	3	6	5	9	8
Jun.	2	1	1	1	2	6	1	1	1	1	1
Jul.	4	5	9	6	4	2	2	2	2	4	3
Aug.	1	1	3	4	3	1	3	3	2	5	9
Sep.	3	5	5	7	7	8	9	7	5	5	4
Oct.	2	4	11	14	12	10	4	8	4	11	9
Nov.	5	7	5	9	10	5	6	13	15	10	11
Dec.	2	2	1	7	12	12	10	3	9	4	4
Total.	28	34	46	68	70	58	50	65	65	74	62

　　然而，上述大数据量 MODIS 遥感影像（数千景遥感数据）的处理特别需要自定义的处理方法。另外，现成的陆地大气校正产品（Terra 的 MOD09GQ 与 Aqua 的 MYD09GQ）可以在一定程度上满足应用的要求。这些产品使用的大气校正算法是针对陆地地物的光谱特征设计的（Kaufman et al.，1997），可以免费从美国地质调查局

(USGS)陆地数据分发中心(LP DAAC；https：//lpdaac.usgs.gov/)获得，所以能节省大量的影像处理成本。因此，本文也下载了部分MODIS MOD09GQ与MYD09GQ产品，并将其获取的结果与自身处理的MODIS的相关结果进行比较。

2.1.2 环境减灾小卫星 HJ 1A/1B CCD

2008年9月6日，我国成功发射了具有中国自主知识产权的环境与灾害监测预报(简称环境减灾)小卫星星座系统A、B星。在A星和B星上分别搭载了两台参数设置相同的宽覆盖多光谱可对见光相机(CCD)，其空间分辨率为30 m，幅宽360 km，对各个波段进行推扫成像。同一颗星上两个相机都以星下点对称放置、平分视场、并行观测。双星组网联合观测，两天就可对国土全部面积成像一次，传感器的主要技术指标如表2-4所示。

本文为了验证MODIS 250 m分辨率数据提取鄱阳湖水水体范围结果的准确性，从中国资源卫星应用中心(http://www.cresda.com/n16/index.html)下载了部分HJ-1A/1B CCD数据，并将其获取的湖泊水体范围与MODIS的结果进行比较。

表2-4 **HJ 1A/1B CCD 相机基本参数**

指　　标	性　　能
幅宽/km	360(2 台组合≥700 km)
星下点地面像元分辨率/m	30
谱段/μm	0.43~0.52　0.52~0.60
	0.63~0.69　0.76~0.90
重访周期	4 天双星组网 2 天

2.1.3 陆地卫星(Landsat TM/ETM+)

TM(Thematic Mapper，1984年发射)和ETM+(Enhanced Thematic Mapper Plus，1999年发射)是陆地卫星(Landsat)家族中两

个重要的传感器，其波段设置基本一致（ETM+多一个全色波段，如表 2-5 和表 2-6 所示数据）。两个传感器的幅宽都为 185 km，重访周期为 16 天，其可见光、近红外及短波红外波段的空间分辨率都为 30 m。

表 2-5　　　　　　　　　**TM 传感器的参数设置**

Band	Wavelength/μm	Resolution/m
1	0.45~0.53	30
2	0.52~0.60	30
3	0.63~0.69	30
4	0.76~0.90	30
5	1.55~1.75	30
6	10.40~12.50	120
7	2.08~2.35	30

表 2-6　　　　　　　　　**ETM+传感器参数设置**

Band	Wavelength/μm	Resolution/m
1	0.45~0.515	30
2	0.525~0.605	30
3	0.63~0.690	30
4	0.75~0.90	30
5	1.55~1.75	30
6	10.40~12.50	60
7	2.09~2.35	30
8	0.52~0.90	15

　　由于 TM/ETM+能提供分辨率较高（30 m）、信噪比较大（Hu et al.，2012）的遥感影像，并且设置了短波红外波段（第 5、7 波段），

能用其较好地区分水体和其他地物类型。因此,该数据可以用来监测鄱阳湖水体中的采砂船数量。本文从美国地质调查局(USGS)网站上下载了这两个传感器的部分无云数据。与 MODIS 数据的预处理方式类似,对 Landsat TM/ETM+影像进行了臭氧吸收校正,并剔除了瑞利散射信号。

2.1.4 SRTM 地形数据

搭载在美国"奋进号"航天飞机上的 SRTM (Shuttle Radar Topography Mission)系统,在 2000 年 2 月 11~22 日的飞行时间内,获取了覆盖地球表面80%以上的地形图(北纬60°到南纬56°之间)。其空间分辨率是 1″(arc-second),约为 30 m,而美国以外区域只能获取到 90 m 分辨率的数据。SRTM 的垂直精度要求是:对于 90%以上的数据,绝对误差小于 16 m。然而研究表明,该数据的精度受地理位置、地形特征以及其他环境条件的影响(Rodriguez et al.,2006)。

从美国地质调查局(USGS)的陆地数据分发中心(LP DAAC;https://lpdaac.usgs.gov/)下载了鄱阳湖区域的 SRTM 地形数据。虽然 Rodriguez 等(2006 年)指出 SRTM 地形数据在该区域的相对垂直精度为4.7~9.8 m,但是其空间分布趋势可以用来验证本文用遥感提取的湖底地形图。

2.2 气 象 数 据

2.2.1 气象站点实测数据

本文获取了鄱阳湖流域 10 个气象站点 2000—2010 年实测气象参数的日值和月值数据,包括气温、降雨、日照时间、风速与气压等。所有气象站点数据都是从中国气象科学数据共享服务网(http://cdc.cma.gov.cn)下载得到的。气象站点的位置分布如图2-1 所示,可以看出,选取的 10 个气象站点在鄱阳湖流域的空间分布较为均匀。

图2-1 鄱阳湖流域气象站点分布图

2.2.2 TRMM 降雨卫星数据

热带降雨测量计划（Tropical Rainfall Measuring Mission，TRMM）由多颗卫星传感器组成，具有获取全球热带和亚热带区域降水数据的能力。而本文选用了2000—2010年月数据产品（TRMM 3B43）来估算鄱阳湖区的降水状况。TRMM 数据也可以从美国航天航空局NASA的戈达德数据发布中心（Goddard Space Flight Center，GSFC）免费获取，其3B43产品的空间分辨率为0.25°×0.25°。

气象测站虽然能获取精确的数据，但是离散的点状分布决定了其难以准确描述鄱阳湖流域降水量的空间分布状况。而将 TRMM 数据与鄱阳湖流域同步的气象站点降水数据进行比较发现，两者在时间和空间上都具有高度的一致性（如图2-2和图2-3所示），相关性分析显示，TRMM 数据与所有鄱阳湖气象站点实测降水量的相关关系 R^2 在0.73~0.92之间。因此，虽然 TRMM 的月合成产品本身会存在一些误差（Huffman，1997），但它在鄱阳湖区域可以有效地代表流域内的降水情况。

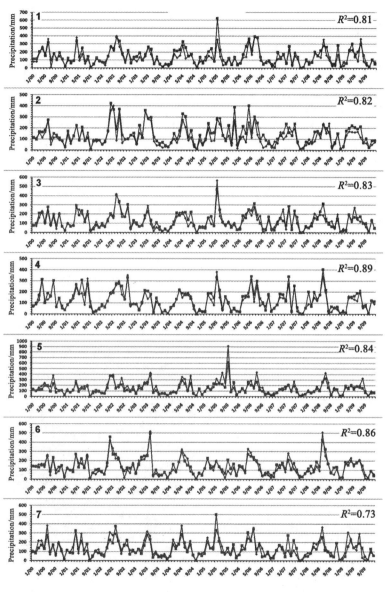

图 2-2(a)　2000—2009 年，鄱阳湖流域 TRMM 月降雨数据
和同步气象站点实测值之间的比较

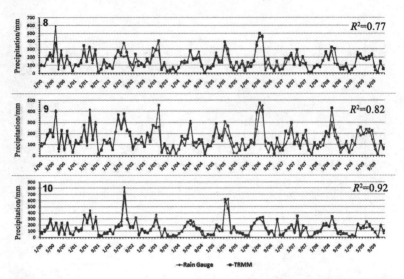

图 2-2(b)　2000—2009 年，鄱阳湖流域 TRMM 月降雨数据
和同步气象站点实测值之间的比较

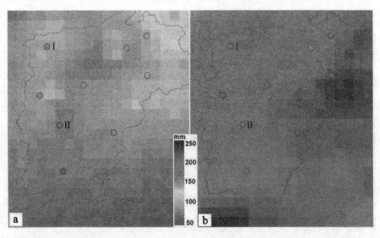

图 2-3　鄱阳湖流域 TRMM 月降雨数据(栅格)和同步气象站点(圆点)
实测值在丰水期和枯水期的空间比较(两组数据共用一个图例)

2.2.3 遥感蒸散数据(MOD16 产品)

流域蒸散发(ET)是水量收支平衡的重要组成部分,也是水文循环的重要环节。蒸发量的大小主要受流域的热状况、水分供应条件及下垫面的组成要素等条件的影响。目前蒸发量主要利用气温、日照时间、相对湿度及风速等气象观测数据进行计算(Allen et al.,1998;张明军等,2009)。

Mu et al.(2007 年)提出了一种基于 MODIS 遥感数据计算全球蒸散发的方法。该方法主要利用经典的 Penman-Monteith(P-M)公式(Monteith,1965),而潜在蒸发量的计算则结合了 P-M(Monteith,1965)和 Priestley-Taylor(1972)两种方法。通过此方法计算的蒸发量不仅考虑到了地表能量分配,而且包括了各种环境要素对蒸散发的贡献(例如树冠的拦截、不同干/湿条件的土壤、树冠气孔的散发等)。目前该方法计算的蒸散发结果已经成为美国航空航天局 MODIS 传感器的标准产品之一(MOD16)。全球或区域性的大量验证结果表明,MOD16 产品与 Mu et al.(2011)、Montenegro et al.(2009)、Jung et al.(2010)利用涡度技术的估算结果具有较好的一致性。MOD16 产品的平均绝对误差为 24.1%,且误差限在10% ~ 30%之间(Courault et al.,2005;Jiang et al.,2004;Kalma et al.,2008)。

从美国蒙大拿大学的 Numerical Terra Dynamic Simulation Group(http://ntsg.umt.edu/project/mod16)获取了鄱阳湖流域的蒸散发产品。该产品是由 MODIS 生成的栅格数据,本研究用流域范围(如图 2-1 所示)内数据的积分代表鄱阳湖流域的总蒸发量。

2.3 水文数据

鄱阳湖湖区内设有 7 个水文站点(星子、都昌、棠荫、龙口、康山、吴城(赣江)和吴城(修水)),而与长江交汇处设有湖口水文站,具体位置分布如图 2-4 中灰色三角形所示。本文获取了湖区内7 个水文站点 2000—2009 年的日水位数据,以及湖口站 2000—

2005 年的日水位数据。另外，鄱阳湖有 5 条支流(赣江、修水、饶河、信江和抚河，俗称五河)，分别从 7 个入湖口注入鄱阳湖。而针对这 7 个入湖口，分别设置了外洲、万家埠、虎山、渡峰坑、李家渡、虬津和梅港等水文控制站(具体位置如图 2-4 中黑色三角形所示)，本文的研究是依据这些站点的实测日流量数据。本文所使用的所有水文数据如表 2-7 所示。

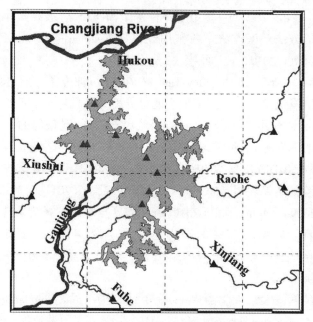

图 2-4　鄱阳湖及流域的水文站点位置分布图

表 2-7　　　　　　　　　　本文使用的水文数据列表

站点名称	经度	纬度	控制区域	数据类型	获取时间
湖口	116°13′	29°45′	鄱阳湖流域	日水位	2000—2005
星子	116°02′	29°27′	—	日水位	2000—2009
都昌	116°11′	29°16′	—	日水位	2000—2009
棠荫	116°23′	29°06′	—	日水位	2000—2009
龙口	116°29′	29°01′	—	日水位	2000—2009

站点名称	经度	纬度	控制区域	数据类型	获取时间
康山	116°25′	28°53′	—	日水位	2000—2009
吴城(赣江)	116°00′	29°11′	—	日水位	2000—2009
吴城(修河)	116°00′	29°11′	—	日水位	2000—2009
渡峰坑	117°12′	27°16′	昌江(北饶河)	日流量	2000—2009
虎山	117°16′	28°55′	乐安河(南饶河)	日流量	2000—2009
梅港	116°49′	28°26′	信江	日流量	2000—2009
李家渡	116°10′	28°13′	抚河	日流量	2000—2009
外洲	115°50′	28°38′	赣江	日流量	2000—2009
万家埠	115°39′	28°51′	潦河	日流量	2000—2009
虬津	115°41′	29°10′	修河	日流量	2000—2009

2.4　现场观测数据

　　为了获取鄱阳湖现场的水质数据，作者所在团队分别在枯水期（2009 年 10 月）和丰水期（2011 年 7 月）开展了两次湖泊现场观测，使用的调查船舶为约 2 m×10 m 的小渔船。在现场实地观测中，采集了湖泊水样用以获取悬浮泥沙的浓度与粒径分布。在天气状况允许的情况下（天气晴朗无云覆盖，太阳高度角较大），获取了水体表面的遥感发射率。各参数的具体实际测量与数据处理方法如下：

　　（1）在每一个实测站点，采取水体表层的水样，并用称重过的 Whatman Cellulose Acetate Membranes 滤膜（直径为 47 mm，孔径大小为 0.45 μm）进行过滤处理。然后将滤膜放到干燥箱中保存到实验室后，用 500℃ 烤箱烘烤 3 h 进行称重。悬浮泥沙的浓度（mg/L）的计算公式是：（过滤后的重量-过滤前重量）/过滤水样的体积。滤膜称重使用的仪器是分析天平，其测量精度为 0.01 mg。

　　（2）悬浮泥沙粒径分布的测量仪器是 LISST-100X（Laser In Situ Scattering Transmissiomerty，生产厂家为 Sequoia Scientific Inc.）。仪

器共有 32 个采样区间，以对数形式分布在 2.5~500 μm 之间。实际数据处理中，前后四个(共八个)区间的数据由于精度较低先被剔除(Traykovski et al.，1999)，而剩余 24 个区间的体积浓度数据用总体积浓度进行归一化处理。

(3)遥感反射率 R_{rs} 数据则采用手持 ASDFieldSpec Pro FR2500(量程 350~2 500 nm，光谱分辨率 4 nm，生产商为 Analytical Spectral Devices，Inc.)及水面以上测量方法进行测量，并依据美国航空航天局(NASA)的推荐测量规范(Mobley，1999)。所有光谱的测量都集中在当地时间上午 10 点到下午 2 点之间，且天空晴朗无云，并在无明显浪花或白帽的水面上进行。对于每一组 R_{rs} 的测量，获取上行辐亮度(L_u)、下行天空光(L_{sky})以及标准参考板(灰板)的辐亮度(L_{plaque})。R_{rs} 的计算公式为(Mobley，1999)：

$$R_{rs} = \rho_{plaque}(L_u - \rho_f * L_{sky}) / (\pi L_{plaque}) \qquad (2\text{-}3)$$

式中，ρ_{plaque} 为灰板的反射率(30%，由生产商提供)；ρ_f 为水-气界面的菲尼尔反射率(在平静的水面一般选 0.022)。

(4)利用 AC-s(生产厂家为 WET Labs，Inc.)测量了鄱阳湖表层水体的总吸收系数 $a(m^{-1})$ 与总衰减系数 $c(m^{-1})$。水体颗粒物总散射系数 $b_p(m^{-1})$ 的计算方法为总衰减与总吸收之差($c-a$)。对于每一个实测站点，计算了比散射系数 $b_p{}^m$($b_p{}^m = b_p/\text{TSS}$，单位为 $m^2 \cdot g^{-1}$)，并估算所有站点 $b_p{}^m$ 的平均值($0.95\pm0.44\ m^2 \cdot g^{-1}$)。

2.5　本章小结

本章系统地介绍了本研究所采用的所有遥感数据，包括传感器的波段设置、获取方式及预处理方法，并着重介绍了不同遥感数据源的优势以及数据选择的依据。本章还简要列举了各种气象参数以及实测水文数据的获取手段、处理方式及其精度。最后阐述了现场仪器观测的方法及其数据处理准则。

第3章 鄱阳湖水体范围时空动态及其环境效应

鄱阳湖的高动态性主要表现为水位波动引起的水体与洲滩湿地面积快速变化过程。水体范围的动态变化规律对于候鸟栖息地保护、江河航运、农业灌溉等具有重要的意义。本章采用2000—2010年鄱阳湖区域所有无云的 MODIS 250 m 分辨率数据，构建了完整的长时间序列水范围图谱，分析了 11 年间鄱阳湖水体范围变化的时空动态规律，并结合同期流域降水、长江水情的变化过程，揭示了两者对湖面范围时空格局变化的量化驱动机制。

3.1 高动态湖泊水体范围获取的难点问题

由于水体对电磁波近红外信号的强吸收，其近红外反射率相比其他地物类型较小（如图 3-1 所示）。因此，从理论上而言，通过对近红外波段反射率进行简单的阈值分割，便可以从遥感影像中提取水陆边界线。然而在实际中，卫星遥感获取的信号容易受高动态气溶胶、传感器观测几何的影响，水体的信号也常受水生植被的干扰。因此，如何选择合适的波段（或波段组合）以及准确的阈值并不是一个简单的问题。

最常用的水体提取方法是归一化植被指数法 NDVI（Normalized Difference Vegetation Index），计算公式为 $(R_{nir} - R_{red})/(R_{nir} + R_{red})$。水体的 NDVI 远小于陆地（一般为负值），因此，两种地物类型在 NDVI 数据上具有较好的区分度（Domenikiotis et al.，2003；Hui et al.，2008；Lunetta et al.，2006；Peng et al.，2005）。然而，McFeeters（1996）指出，由于水体反射在绿光波段比陆地强，在

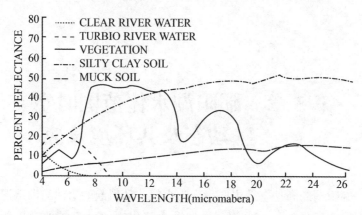

图 3-1　典型地物的光谱曲线图(源自：http：//www. gisdevelopment. net)

NDVI 的计算公式中用绿光波段代替红光波段可以获得更好的区分效果，并基于此理论，提出了归一化水体指数 NDWI(Normalized Difference Water Index) ，计算公式为$(R_{green}-R_{red})/(R_{green}+R_{red})$。后续有许多研究使用了 NDWI 或它的改进形式，用以在遥感影像上区分陆地和水体(Jain et al. ，2005；Ouma et al. ，2006；Xu，2006) 。然而，NDWI 主要是针对开阔水体设计的，对于动边界浅水湖泊的适应性还有待进一步验证(Ouma et al. ，2006) 。

Hu(2009) 通过辐射传输模拟，发现 NDVI 和 NDWI 等指数的潜在性问题是基于波段比值的指数，对于气溶胶和太阳(或卫星观测) 角度的变化十分敏感。使用这些指数提取湖泊水面积会遇到两个方面的问题：(1)针对于不同的影像，水体分割阈值的差距较大；(2)在同一张影像内的不同区域，由于气溶胶分布不均匀，太阳(或卫星观测) 角度的变化也会导致阈值产生空间上的显著性差异。因此，针对高动态的鄱阳湖，需要进一步研究其水体范围的提取方法。

针对鄱阳湖水体范围的时空动态，也有学者利用遥感数据进行了相关研究。例如，Hui 等(2008) 利用 8 景 Landsat TM 数据估算了鄱阳湖在一年时间内面积的季节性变化，然而，数据源 16 天的重访周期加上受到云覆盖的影响，估算结果可能会存在较大的偏差；Liu(2006) 利用高时间分辨率的 MODIS 数据对鄱阳湖 2003—2004

年的情况进行了类似研究，然而这短短一年的时间周期难以真实地描述鄱阳湖水体范围短期的变化特征及长期的变化趋势。因此，采用长时间序列及高时间分辨率的遥感数据，对鄱阳湖水体范围进行准确提取并分析其趋势变化，不仅是开展鄱阳湖水环境研究的重要前提，更是目前所面临的关键性难题。

3.2 湖泊水体范围遥感提取方法及精度分析

3.2.1 湖泊水体范围提取方法

基于辐射传输模拟的基础上，Hu(2009)提出一种浮藻指数FAI(Floating Algae Index)。FAI对于外界气溶胶或观测角度的变化不敏感，因此，可以在FAI上建立空间和时间上相对一致的阈值来提取湖泊水体范围。Hu等(2010)利用FAI提取了太湖长时间序列的水体边界，本研究将采用类似的方法，利用基于FAI梯度的方法提取鄱阳湖的水体范围，并估算其水面积。

利用MODIS影像获取FAI的计算公式如下(Hu，2009)：

$$\begin{cases} FAI = R_{rc,859} - R'_{rc,859} \\ R'_{rc,859} = R_{rc,645} + (R_{rc,1\,240} - R_{rc,645}) \times (859-645)/(1\,240-645) \end{cases}$$

$$(3-1)$$

式中，数字表示MODIS各个波段的中心波长，500 m分辨率的1 240 nm波段先已用锐化的方法重采样到500 m(跟2.1.1真彩色合成影像类似)。从数学的角度而言，FAI是用859 nm波段发射率减去645~1 240 nm之间的基线高度(图3-2)。因为气溶胶反射率在645~1 240 nm之间随着波长的增加呈近似线性衰减趋势，基线减法可以视作是一种有效的大气校正方法。因此，FAI实际上可以近似地认为是大气校正后的859 nm波段地表反射率，而且Hu(2009)也证明了在各种不同的大气和观测条件下FAI都比较稳定。由于FAI信号在水体上显著小于其他地物类型，本研究采用了梯度的方法获取FAI阈值，然后对影像进行阈值分割提取鄱阳湖水边界线，如图3-3所示。为了提高运算效率，所有的数值计算都只针对鄱阳湖区域而不是整景影像。对于 FAI 影像的每个像素，其梯度（gradient）由邻近 3×3 窗口像元估算：

$$gradient = \sqrt{\frac{1}{8}\sum_{i=1}^{8}\left(\frac{dy_i}{dx_i}\right)^2} \qquad (3\text{-}2)$$

其中，dy_i 和 dx_i 代表 3×3 的窗口中当前像素相对于邻近 8 个像素 FAI 值与位置的变化。因为水体对近红外波段的强吸收，$R_{rc,859}$（和 FAI）在水/陆交界处会呈现明显的梯度变化，而在水陆边界线处，最大的梯度值一般可以被视作是边界提取阈值。然而，为了排除异常噪声的干扰，最大的梯度值一般不作为实际阈值，而其获取方法是：首先对水陆交界附近像素梯度值（注意：不是 FAI）进行直方图计算，直方图的众数则认为是水面积提取的阈值 FAI_{thresh}。于是，FAI 影像上大于 FAI_{thresh} 的区域被划分为陆地，而小于 FAI_{thresh} 的区域认为是水体。MODIS 数据都经过等距离圆柱投影，每个像素的空间分辨率是 0.002 272 73°，在赤道上相当于约 250 m。在鄱阳湖区域内（纬度在 28°~30°之间），每个像素覆盖的面积等于 $250×250×\cos(纬度)\,m^2$，而鄱阳湖的水面积则是被划分为水体的所有像素面积之和。

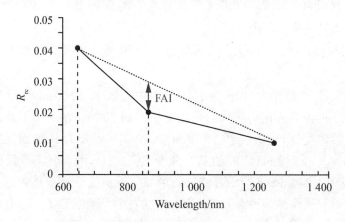

图 3-2　浮藻指数 FAI 的原理图（Hu，2009）

3.2.2　遥感提取水体范围的精度分析

FAI 是为定量提取与估算浮游藻类面积而设计的，其优势在于相比基于波段比值的指数(例如 NDVI),不易受大气状况及观测环境(包括气溶胶类型和光学厚度、薄云、太阳和观测几何)的影响(Hu,2009)。而此特征也是利用遥感数据有效提取复杂鄱阳湖水面积的重要保障。虽然 FAI 是浮藻指数,但是在水面无漂浮藻类情况下,FAI 可视作大气校正过后的 859 nm 波段地表反射率。由于水体的强吸收(低反射率),以及陆表植被反射率会在近红外出现红边(高反射率),使得 FAI 可以有效地区分水/陆边界。

然而,由于鄱阳湖水体范围的高动态变化特征,实际操作中难以用传统的实测"真实值"来验证 FAI 提取的鄱阳湖水面积。验证所提取的水体范围图谱采用了两种方法:(1)人工判读;(2)与同步较高分辨率的 HJ-CCD 数据提取结果进行对比。

如图 3-3 所示,提取出的水陆边界线用白线分别叠加在 FAI 影像和配准的 RGB 图像上。将叠加好的数据导入到 ENVI4.4 软件,进行彩色拉伸、放大等操作,并检验整个湖区的每一条水边界线是否都能有效地区分陆地和水体。结果显示,对于 620 景无云 MODIS 数据,FAI 的梯度方法基本上能准确地提取出鄱阳湖的水体范围。然而,对于水面积较小的影像(约占 5%),由于进行直方图统计时的像素数目不足,计算的众数不具有统计意义,因此,提取效果不理想。对于此种情况,则将能获取较好结果的 FAI_{thresh} 的均值(-0.002)当做其水面积提取的阈值。

HJ-1A/1B CCD 数据具有高空间分辨率(30 m),用其提取的水体范围可以视作近似真实值来验证 MODIS 数据的提取结果。本文选用了 2009 年 8 月 21 日和 2009 年 11 月 24 日两景无云且气溶胶厚度比较小(肉眼观察)的 HJ-1A/1B CCD 数据,分别代表鄱阳湖丰水期和枯水期的湖泊水体覆盖状况。针对 HJ CCD 的水体提取方法与 MODIS 类似,但由于其没有短波红外的设置无法估算 FAI,此处选用 NDVI 以及梯度的方法进行水边界线的提取。如图 3-4 所示,对相同日期 MODIS 和 HJ CCD 影像提取的结果进行了叠加分析。HJ-1A/1B CCD 数据较高的空间分辨率(30 m)使其获取的结果能表达更多的细节特征,因此,提取结果在有些湖区(特别是入河口附近)与 MODIS 存在细微差别。然而,两种独立遥感数据源获

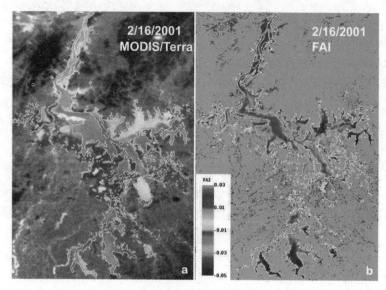

图 3-3　2001 年 2 月 16 日 MODIS 真彩色合成图（a）和对应的 FAI 影像
　　　（b）。图中的白线为利用 FAI 和梯度方法提取出来的鄱阳湖
　　　水/陆边界线

取的水/陆边界线在绝大部分地区都能重合，且提取的水面积在丰
枯水期两组影像上的差异仅为 5.3% 和 0.9%。因此，利用长时间
序列 250 m 分辨率 MODIS 数据和 FAI 梯度阈值分割的方法能有效
获取鄱阳湖水面积及其长短期变化特征。而从枯水期结果对比可以
看出，250 m 分辨率的影像难以区分出鄱阳湖北部狭长的入江水
道，致使该区域内的某些水体在湖泊中不联通，因而会给生态系统
连接性研究带来困难。但是，本研究的主要目的是统计与分析鄱阳
湖的水面积变化，此误差对结果不会带来显著影响。

3.2.3　湖泊等效降水估算

鄱阳湖水量的补给主要分为两部分：湖面降水和五河地表径流
的汇入。湖面降水可以用 TRMM 数据在湖面积分直接计算。而五
河的总径流量与流域降水量（TRMM 降雨数据在流域内积分）的相
关分析表明，降水与径流之间具有显著的相关关系，如图 3-5 所示

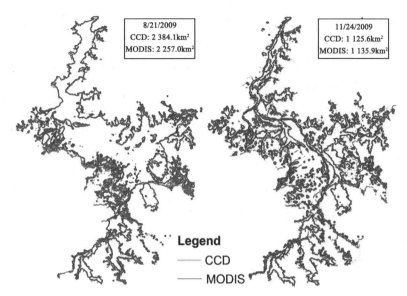

图 3-4 同步(相同日期) MODIS 与 HJ-A/1B CCD 提取出的鄱阳湖水边界
线比较, 空间分辨率分别为 250 m 和 30 m。左图和右图分别代表
湖泊丰水期和枯水期的水体淹没状况

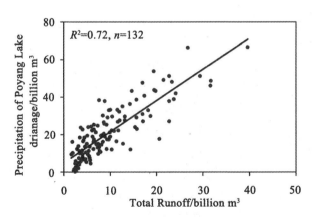

图 3-5 2000—2010 年间鄱阳湖流域的月降雨量与
五河月径流量之间的关系图

（ $R^2 = 0.72$ ， $n = 132$ ）。因此，鄱阳湖的等效降水（Equivalent Precipitation）可以用如下公式表达：

$$\text{Equivalent Precipitation} = A \cdot P_{\text{Lake}} + R \qquad (3\text{-}3)$$

式中， A 为鄱阳湖的水面积； P_{Lake} 为湖泊内的降水（TRMM）； R 则为五河的累积地表径流。

3.3 鄱阳湖水体范围时空动态变化

对 2000—2010 年所有的无云 MODIS 数据（620 景）进行水面积提取，并对所有结果进行叠置，用以分析鄱阳湖水体范围的时空分布规律。如图 3-6 所示，若某像素值为 300，则在 620 景无云 MODIS 影像获取的时刻，有 300 景被水覆盖。从图 3-6 中可以看出，鄱阳湖常年被水覆盖的区域主要包括两部分：一是若干子湖：东部的焦潭湖、土塘湖和汉池湖，东南部的康山和军山湖等区域；另一部分则是由南至北的狭长航道。除此之外，其他湖区的都是周期性湖底裸露。为了进一步分析鄱阳湖水体范围的动态变化，下文统计并分析了 11 年间鄱阳湖水体范围与水面积的季节性与年际变化。

3.3.1 季节性变化

图 3-7 为鄱阳湖在 2000—2010 年间月际最大最小水体范围，表 3-1 列出了不同月份最大最小面积之比及其出现的年份。月最大与最小水体范围都呈现显著的季节性差异，湖泊在 6～7 月的最小水面积平均比 9 月到次年 3 月的最小值大约 50%，而 12 月到次年 1 月的最大水面积则明显小于其他月份。在丰水期，除支流入湖口和几个小的支流湖外，整个湖面基本上联通呈"湖相"。鄱阳湖的月最大水体范围在 2～11 月都大于 2 500 km²，部分月份甚至超过 3 000 km²。月际最大最小水体范围发生在不同年份，而不同月份的最大最小比值在 1.46（6 月份）到 4.03（10 月份）之间，充分说明了鄱阳湖水面积的显著性年际变化（从月尺度上）。特别值得提出的是，2010 年中有 6 个月的水面积在这 11 年中的相同时间内为最

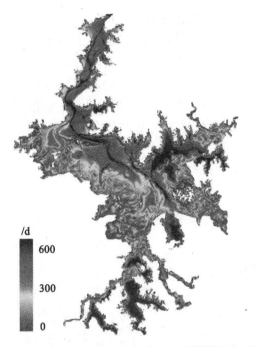

图 3-6 2000—2010 年 MODIS 提取的鄱阳湖淹没天数

（总共 620 景 MODIS 影像）

大值，说明湖泊水体范围在这一年较长时间内维持较大水平。实际
上，2010 年 6 月份抚河决堤，鄱阳湖流域发生了严重的洪涝灾害，
十多万人的生命财产安全受到威胁（http：//jx. people. com. cn/GB/
190800/194787/194813/11930097. html）。9 月到次年 3 月，鄱阳湖
的月最小水面积小于1 000 km²，鄱阳湖被裸露的洲滩湿地分隔成
多个部分：南-北-长江流向的狭长河道（湖泊呈"河相"）；不连续
的子湖区以及东边和东南边的几个子湖。最小月水面积主要出现在
2007 年和 2009 年，这从侧面反映出鄱阳湖在这两年经历了不同程
度的干旱。

在 6~8 月，即使在最小的湖面状况下，鄱阳湖北部入江水道
以及南部主湖区也被水体覆盖，水面积占湖区总面积的 50% 以上，
因而，最大最小水面积比值在此段时间最小（<2）。从 8 月到 9 月，

月平均最小面积的变化最为明显（从 1 706.6 km² 减小到 832.1 km²），其相应的最大最小面积比从 1.85 迅速增大到 3.64。为了更好地描述水面积年内变化状况，计算了 2000 年 2 月到 2010 年 12 月逐月最大、最小以及平均值（如图 3-8 所示）。当某个月份 MODIS 只获取一景无云影像时，当月的三个值相等；而当无云数据大于等于 2 景时，计算当月水面积的标准差，用以表征鄱阳湖水面积短期（月内）的变化状况。从图 3-8 可以明显看出，鄱阳湖水面积的短期（月内）及长期（年际）变化都十分显著。

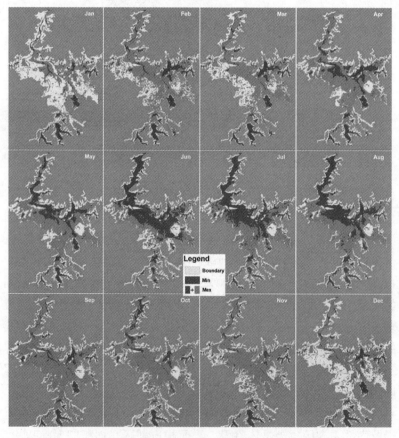

图 3-7　2000—2010 年间鄱阳湖月际最大与最小水体范围图，
任意月份最大最小水体范围差异十分明显

表 3-1　2000—2010 年间月际最大最小水面积和发生年份，以及最大最小水面积之比，这从月尺度上反映了鄱阳湖水面积的年际变化状况。这 11 年间最大月平均水面积为2 707.2±445.9 km²，平均月平均水面积为1 118.6±438.8 km²

		Jan.	Feb.	Mar.	Apr.	May.	Jun.	Jul.	Aug.	Sep.	Oct.	Nov.	Dec.
							Month						
Max	Area/km²	1 705.9	2 665.8	2 561.2	2 861.6	3 038.5	2 820.1	3 052.1	3 162.9	3 025.5	2 864.7	2 768.5	1 960.1
	Year	2003	2005	2010	2010	2010	2003	2010	2010	2002	2010	2000	2002
Min	Area/km²	797.3	958.9	888.7	1 020.8	1 120.3	1 931.8	1 819.1	1 706.6	832.1	710.7	812.3	824.5
	Year	2006	2007	2008	2007	2007	2004	2009	2001	2006	2009	2009	2007
Max/Min		2.14	2.78	2.88	2.8	2.71	1.46	1.68	1.85	3.64	4.03	3.41	2.38

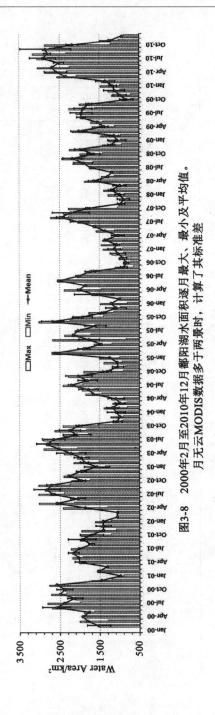

图3-8 2000年2月至2010年12月鄱阳湖水面积逐月最大、最小及平均值。
月无云MODIS数据多于两景时，计算了其标准差

3.3.2 年际变化

与图 3-7 和表 3-1 类似,图 3-9 与表 3-2 描述了 2000 年到 2010 年间鄱阳湖逐年最大最小水体覆盖状况。水面积的年内变化程度可以在图 3-9 中的每一个子图中表现,而子图与子图之间的差异则体现了其年际变化。每年最大水体范围发生时,湖泊的绝大部分区域被水体覆盖,连通成一个巨大的湖区。相比而言,当最小范围出现时,湖区被分成若干不连通的子湖区和一条由东南至北的狭长河道。从年际的最大与最小水体范围变化也可以很直观地观察到鄱阳湖的年际变化特征。2001 和 2009 年,最大水体范围小于其他年份,特别是在五河入湖处有明显的缩小。而在 2000、2001、2002、2003 和 2005 年,靠近湖中心(位于松门山岛附近)有一个较大的子湖在湖泊面积最小时都能被水体覆盖,而在其他年份则湖底裸露,这说明湖底地形可能存在相应的年际变化。趋势性分析发现,2000—2010 年间,年内最小水面积呈显著性减小的趋势($P<0.05$,t-test),平均每年减小 23.9 km^2。

为了分析 2000—2010 年间鄱阳湖最极端的湖泊水体覆盖状况,对所有 MODIS 提取的水范围结果进行叠加,将其并集视作 11 年间鄱阳湖最大可能水体范围,交集则是最小可能水体范围。换而言之,对于任意一个像素,如果在一景遥感影像获取的时刻被水体覆盖,则划分到最大可能水体范围;反之,如果在任意一景影像获取时刻湖底裸露,则划分到最小可能水体范围。结果如图 3-9 中"2000—2010"所示,最大可能水体范围大于任意年份的最大范围,而最小可能水体范围小于任意年最小的水体范围,而两者之间的比值达 13.96,充分说明了鄱阳湖在 2000—2010 年间湖面范围的剧烈性变化。

鄱阳湖显著的季节性和年际变化也可以从水面积的年度统计结果上显示出来。任意年份,鄱阳湖的最大水面积(出现在 7~9 月)与最小水面积(11 到次年 2 月)之间的比值大于 2.3,而且在 2003 年以后,它们之间的比值超过 3。此外,逐年最大最小水面积的变化也十分明显,其中 11 年间最大的水体范围出现在 2010 年,其水

表3-2　2000—2010年间，鄱阳湖的年最大最小水面积及其出现的月份，最后一列为鄱阳湖在11年间的最大与最小可能水体范围及其两者之间的比值。11年间年平均最大、最小水面积分别为2 684.2±328.8 km² 和918.4±136.5 km²

		2000	2001	2002	2003	2004	2005	2006	2007	2008	2009	2010	2000—2010
							Year						
Max	Area/km²	2 811.7	2 221.1	3 025.5	2 916.7	2 419.2	3 020.2	2 529.1	2 722.1	2 440.7	225 7	3 162.9	3 466.0
	Month	Jul.	Jul.	Sep.	Jul.	Jul.	Sep.	Jun.	Aug.	Sep.	Aug.	Aug.	—
Min	Area/km²	1 212.9	900.7	1 064.7	901.0	850.8	965.9	797.3	824.5	886.2	714.1	984.6	248.4
	Month	Dec.	Jan.	Feb.	Dec.	Nov.	Dec.	Jan.	Dec.	Jan.	Nov.	Jan.	—
Max/Min		2.32	2.47	2.84	3.24	2.84	3.13	3.17	3.30	2.75	3.16	3.21	13.96

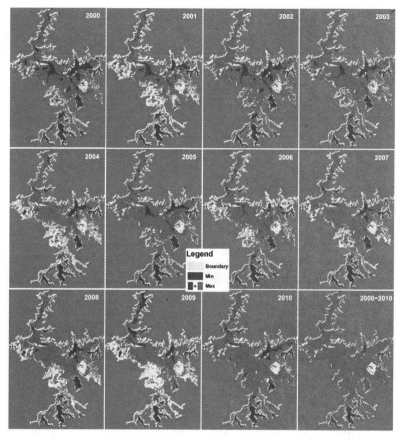

图 3-9　2000—2010 年间鄱阳湖逐年的最大与最小水体范围图，
其中"2000—2010"为 11 年间最大与最小可能水体范围

面积达到 3 162.9 km² (多年平均为 2 684.2±328.8 km²)，而最小的
水面积则发生在 2009 年，水面积缩小到 714.1 km² (多年平均为
918.4±136.5 km²)。

　　鄱阳湖水面积的变化趋势可以从 2000—2010 年间逐年最大、
最小、平均以及标准差中表现出来。如图 3-10 所示，11 年间年最
大、最小及平均水面积的上下浮动形式具有一致性，但是三者的变
化趋势并不完全相同。趋势性分析表明，鄱阳湖年平均水面积在

2000—2010 年间具有统计上显著的（$P < 0.05$）减小趋势（趋势线如图 3-10 所示），且年均减小面积达 30.2 km²。年最小水面积也具有类似的显著性减小趋势，年均减小面积为 23.9 km²。然而，年最大水面积在这段时间内没有发现有增大或减小的趋势。

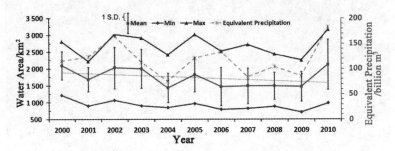

图 3-10　2000—2010 年间，鄱阳湖水面积的年最大（Max）、最小（Min）、平均（Mean）及标准差（S. D.）。年均值及其标准差是通过月均值数据计算得到。年均值的拟合趋势线（点线）明显表明了鄱阳湖平均水面积在这 11 年间呈缩小的趋势（减小速率为–30.2 km²/a）

3.4　鄱阳湖时空格局变化的驱动因子

图 3-11 列出了鄱阳湖年度最大最小水面积所发生的月份。其中，最大水面积主要出现在 7~9 月份之间（丰水期的后半段），而最小的面积主要分布在枯水期的 11 月到次年 2 月。与鄱阳湖的降水量数据进行比较，可以推测，湖泊的水面积范围主要是受流域降水影响，而值得注意的是，最大面积的出现月份与最大降水量的月份（4~6 月份）并不一致。因此，除了受到流域降水产汇流的迟滞效应影响以外，长江夏季高水位对鄱阳湖的顶托（甚至江水倒灌）（Shankman et al.，2006）是导致时间不一致的主要原因（具体分析见下文）。

鄱阳湖水面范围的年际变化特征与累积等效降水之间具有较好

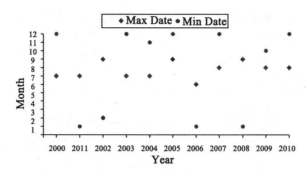

图 3-11 2000—2010 年间鄱阳湖最大、最小水面积发生时间

的相关关系, 两者之间的决定系数 R^2 为 0.62。换言之, 在 2000—2010 年, 鄱阳湖水面范围的年际变化有 62% 由流域降水的变化引起。湖泊水体面积与降水量之间的一致性还可以从典型年份中表现出来: 2004 年的年平均水面范围在 11 年中为最小, 而这一年的累积等效降水量最小; 反之, 2010 年面积最大也对应了最大的累积等效降水量。此外, 2004—2009 年的绝大多数年份, 鄱阳湖的水面积较小, 而此段时间降雨量要明显小于多年平均值。另一方面, 年最小水体范围的发生时间也会受到降水量季节性分布的影响。例如, 在 2004 年和 2009 年, 鄱阳湖年最小水面范围的发生时间明显早于其他年份(分别是 11 月和 10 月), 而降水量在当月和前一个月同比小于其他年份(如表 3-3 中距平值为负)。

除流域降水外, 长江水情变化会对鄱阳湖的水体范围产生重要影响。如图 3-10 所示, 从 2006—2009 年间, 鄱阳湖的年等效降水量的浮动并不明显, 而年均湖面的变化较大。其原因主要是长江流域在这些年份中分别经历了不同程度的旱涝灾害(牛宁等, 2007; 朱建荣等, 2010), 这些旱涝状况在时空上的巨大差异直接导致了鄱阳湖水面范围的时空动态。

为了研究流域降水和长江水情在不同时间上对鄱阳湖水面范围的影响, 分别分析了等效降水与湖水面积在三个时段的相关关系(1~6 月、7~9 月和 10~12 月), 如图 3-12 所示。在 1~6 月和 10~12 月(除夏季以外的时段), 湖水面积与流域降水量之间具有显著

表 3-3　　　　2000—2010 年鄱阳湖月降雨距平百分比/%

	Year										
	2000	2001	2002	2003	2004	2005	2006	2007	2008	2009	2010
Jan.	-9.7	45.5	1.2	105.0	-64.4	-6.2	8.5	-14.4	-29.7	-45.8	10.0
Feb.	-27.6	18.4	-30.5	77.4	-67.8	102.3	-36.3	-26.3	-20.0	-52.0	62.5
Mar.	12.6	-4.0	-20.3	22.7	-38.5	-18.1	13.3	-1.9	-43.1	26.4	50.8
Apr.	-6.5	25.1	11.5	9.5	-46.6	-36.2	11.9	-34.2	-0.4	-22.5	88.4
May.	-45.0	2.7	26.7	28.4	-12.3	49.8	19.6	-52.9	-47.9	-48.6	79.6
Jun.	12.5	-8.1	-9.6	-23.7	-49.0	5.2	46.9	-21.3	8.5	-46.2	84.8
Jul.	-59.9	-22.7	112.1	-49.3	-38.7	-32.7	25.6	-49.9	13.2	16.5	85.9
Aug.	6.6	20.3	114.6	-39.7	-19.8	-37.0	2.8	-6.9	-3.7	-13.5	-23.9
Sep.	24.1	14.7	36.1	-48.2	-0.9	33.8	-13.4	17.1	-16.6	-46.7	-0.8
Oct.	123.1	-26.6	117.5	-37.8	-47.0	-9.1	-32.2	-31.8	-14.1	-42.1	3.0
Nov.	36.1	-2.5	153.9	-56.0	-43.6	14.8	-28.8	-63.4	29.3	-39.8	-55.4
Dec.	29.8	20.2	164.2	-50.3	-15.0	-23.8	4.9	-55.6	-39.7	-34.7	57.2

性的相关关系($R^2 \sim 0.70$，$P<0.01$)，表明在此段时间内 70% 的湖水面积变化是由流域降水量的季节性差异引起的。值得提出的是，从理论上而言，湖泊的水面范围是由入湖和出湖水量两者决定的，在此，降水量在鄱阳湖可以认为是湖面范围变化的主导因子，而出湖是被动的过程，而湖泊水面积的长短期变化是两者相互作用的结果。虽然目前没有出湖水量数据来定量研究两者的短期相互作用关系，但是图 3-12(a) 和图 3-12(c) 从年际尺度上证实了流域降水量对湖面范围变化的主导作用。对于夏季 7~9 月份，鄱阳湖水面积与流域降水量不具有显著相关关系($R^2 = 0.20$)。然而，由于长江流域的集中降水和源头积雪融水，每年长江水位在此段时间涨到最高状态。因此，湖流受到顶托，甚至在长江水位高于鄱阳湖时，江

水将倒灌入湖(Shankman et al.，2006；张本，1988)，鄱阳湖水面积在这几个月内会持续增加而达到最大。综上所述，鄱阳湖的水面积不仅受湖泊流域降水的影响，在夏季也会受长江水情的调控。

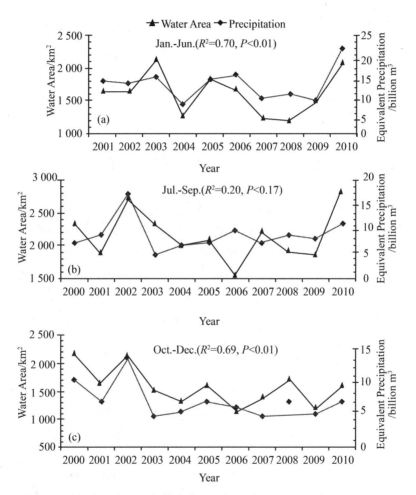

图 3-12 鄱阳湖的水面积与等效降雨量在不同季节下的相关关系。
在 1~6 月和 10~12 月，水面积与降雨显著相关

　　尽管鄱阳湖水面积与流域降水在年或季节尺度上具有较好的关系，然而在月尺度上的关系并不明显。主要原因可能是湖泊水量的

收入(湖面降水与五河径流量)与支出之间的相互作用是一个短期过程(数天或数周),而在较长的一段时间内(季节或年度),多次短期过程的作用将相互抵消,最终使得降水与水面积在长时间尺度上呈现较好的相关关系。

此外,其他气象要素的变化(例如气温、相对湿度、日照时间等)会改变鄱阳湖区的蒸发过程,从而引起湖泊水面积的变化。本文利用气象数据估算了鄱阳湖湖面的蒸发量(Allen et al., 1998),结果显示,蒸发量仅相当于五河地表径流量的 3%,因而对鄱阳湖水面积变化的贡献有限。

3.5　基于长时序水体范围的鄱阳湖旱情分析

本文获取了 11 年(2000—2010 年)的湖泊淹没区数据,这不仅弥补了鄱阳湖长时间序列水体范围的空白,也为湖泊的后续研究提供了历史参考数据。若能在此基础上对鄱阳湖进行持续性日常遥感监测,可以实现对湖泊淹没状况的实时评估。例如,2011 年春季,鄱阳湖区发生了重大旱灾,大面积湖床裸露,靠近湖岸的大片区域更是长满杂草,整个湖床看上去犹如草原,如图 3-13 所示。严重的旱灾给鄱阳湖区的农业、渔业以及湿地生态系统造成了重大影响。国内外重要媒体(新华网、纽约时报等)都报道了鄱阳湖水位下降及降水减少等状况,但都没有提供水体范围数据来直观描述干旱的程度与分布,更不用说与历史同期数据进行比较。本研究获取的长时序鄱阳湖水体范围数据为定量评价干旱的程度提供了可能性。

如图 3-14 所示,2000—2010 年间,鄱阳湖月平均水面积在 1~5 月份呈逐渐递增的趋势,而在 2011 年正好相反,致使 2011 年 4~5 月份的面积减小到历史最小值(2000 年 2 月以来)。图 3-15 给出了鄱阳湖 2011 年 5 月的平均水体范围和 5 月份历史(2000—2010)平均水体范围。平均水体范围的计算方法是:如果一个像素在大于 50% 的时间被水淹没体覆盖,则被划分为水体,否则被划

图 3-13　2011 年 5 月 31 日，鄱阳湖星子县落星墩裸露在长满杂草的河床上
（照片来源：http://blog.sina.com.cn/s/blog_71a84c0c0100uz3p.html）

分为陆地。从图 3-15 中很显然可以看出，2011 年 5 月份，鄱阳湖
的水体范围显著小于历史平均状态。往年 5 月份，鄱阳湖大部分区
域连通，湖泊呈"湖相"，而 2011 年 5 月，湖区只有狭长的河道和
几个不连通的子湖区被水淹没体覆盖。干旱程度的分布在空间上也
存在差异，北部入江水道和湖中心是受影响最严重的地区，湖泊面
积在这些区域缩小近 80%。鄱阳湖水面积在 2011 年 5 月小于历史
平均值的 1/3，分别为 569.1±98.2 km² 和 1 913.9±463.7 km²。

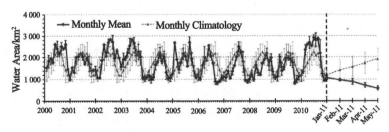

图 3-14　2011 年鄱阳湖的水面积与历史数据的比较，可以看出
2011 年 4~5 月的水面积为 2000 年以来的最小值

图 3-15　2011 年 5 月鄱阳湖水体范围与同期历史数据(2000—2010)比较

3.6　本章结论与讨论

本章利用 FAI 和梯度方法实现了基于 MODIS 遥感影像的鄱阳湖水范围提取，并对 2000—2010 年间所有无云 MODIS 影像的提取结果进行统计分析，主要的研究成果如下：(1)鄱阳湖的水体范围季节性与年际变化十分显著，年最大、最小水面积之比在 2~4 之间，11 年中，相同月份的最大、最小比值在 1.46~4.03 之间。本研究第一次利用遥感数据定量描述了鄱阳湖面的高动态变化，弥补了其长时间序列水体范围数据的空白，而基于高频率、长时序列的统计分析更能反映湖泊的真实特征。(2)鄱阳湖的年平均与年最小

水面积在 2000—2010 年间呈显著性减小的趋势，减小的速率分别
为 30.2 km²/a 和 23.9 km²/a。(3)湖泊水面积的长短期时空动态以
及 11 年间的变化趋势主要受到流域降水的影响，而长江径流量的
变化在 7~9 月份之间也对鄱阳湖水面积有调控作用。(4)年最小水
体范围之间并不完全重合，表明鄱阳湖的湖底地形可能存在与之相
对应的年际变化，这也将是第 5 章研究的重点内容。(5)本研究获
取的长时序鄱阳湖水体范围数据也为定量评价湖泊的旱涝状况提供
了历史参考数据。

　　搭载在 Terra 和 Aqua 卫星上的 MODIS 传感器可以在一天内获
取两景遥感数据，即便如此，在多云多雨的鄱阳湖流域，在有些月
份只能挑选出一景无云影像(如表 2-3 所示)，这必然会给统计结果
带来误差。但是，本文主要研究的是湖泊水面积在月–年尺度上的
变化，每月至少一次的观测频率(剔除云覆盖)可以满足需求。而
相比而言，重访周期比较长的其他卫星(例如 Landsat TM/ETM+为
16 天)，获取的遥感数据不足以完成类似研究。然而，Terra 和
Aqua 都已经超过了其 6 年的设计寿命，随时都可能停止工作。美
国航空航天局 NASA 在 2012 年发射了 MODIS 传感器的替代品
VIIRS，并已经开始获取数据，这为鄱阳湖的后续监测提供了新的
数据保障。另外，具有我国自主知识产权的 HJ-1A/1B CCD 传感
器已经从 2008 年 9 月份开始获取数据，其高空间(30 m)、时间(2
d)分辨率、宽幅宽(720 km，Landsat 为 180 km)等特征也为后续研
究提供了另一种数据选择。

　　另外，长时序湖泊水体范围图谱是利用遥感研究鄱阳湖水环境
变化的前提条件。近年来，湖泊采砂活动十分盛行(刘圣中，
2007)，加上流域水土流失问题(Chen et al.，2007)，会导致鄱阳
湖悬浮泥沙浓度的持续性增加，从而严重影响湖泊甚至下游长江的
水生态环境。本章获取的湖泊水体范围图谱是利用遥感反演鄱阳湖
悬浮泥沙浓度的基础数据。

第4章 鄱阳湖悬浮泥沙时空
分布及采砂活动影响

水体悬浮泥沙会通过影响水体透明度而干扰水生物的光合作用，同时，作为污染物的载体又会影响入湖污染物的分布与转化机制，因而，掌握悬浮泥沙的时空分布变化是研究湖泊生态环境的基础。本章结合鄱阳湖长时序湖面范围图谱，利用 MODIS 遥感影像及现场实测数据，提出了一种有效的悬浮泥沙浓度反演算法，解决了内陆湖泊水色遥感的一系列难点问题。对长时序的遥感反演结果进行统计分析，研究了不同湖区的悬浮泥沙年际变化规律。利用 TM/ETM+数据提取了采砂船的分布信息，结合江湖水情变化、降水、风场等湖泊动力过程的趋势性分析结果，发现了采砂活动是研究时段内湖区悬浮泥沙异常升高的主要原因。

4.1 鄱阳湖悬浮泥沙遥感反演的关键问题

目前，已有许多学者对悬浮泥沙的遥感反演做了一系列研究，其中主要分为基于辐射传输的半分析算法（Dekker et al.，2001，2002；Lee et al.，1999；Volpe et al.，2011）和经验回归模型（Doxaran et al.，2002a，2002b；Han et al.，2006；Hu et al.，2004；Miller et al.，2004；Moore et al.，1999；Tassan，1993，1994）。而针对 MODIS 数据，也有许多利用单波段（645 nm）或波段组合反演河口海岸带悬浮泥沙分布的成功先例（Chen et al.，2007；Doxaran et al.，2002a，2002b；Hu et al.，2004；Miller et al.，2004）。因此，本研究将采用经验回归模型对鄱阳湖的悬浮泥沙进行反演，回归系数则用实测数据进行确定。然而利用遥感数据与实测悬浮泥沙浓度建立回归模型之前，需要解决两个关键问题：邻近效应与大气校正。

4.1.1 邻近效应的剔除与大气校正

陆地邻近效应（Land Adjacency Effect）指的是在近岸水体像素上获取的遥感信号会受到邻近陆地信号的影响（Santer et al.，2000）。由于陆地和水体在近红外波段光谱特征的显著差异，邻近效应在此波谱范围会更加明显。而对鄱阳湖而言，北部湖区在枯水季节将萎缩成狭长的入江河道，陆地反射对水体遥感信号的影响不可忽视。

为了确定鄱阳湖邻近效应的影响，研究了在沿水陆交界的一个横断面上 MODIS 的 645、859 及 1 240 nm 波段反射率（R_{rc}）的变化状况。如图 4-1 所示，任意像素的相对差异（Relative Difference）指的是当前像素与下一像素之间反射率的差异百分比。一般而言，在开阔的水体上，邻近像元之间的过度较为平缓，反射率差异应当很小。因此，若像元间的相对差异较大，则说明邻近陆地信号增强了水体的反射率。在如图 4-1 所示的横断面上，859 和 1 240 nm 波段受到不同程度的邻近效应的影响（分别为 2 个和 4 个像素），而 645 nm 波段基本不受影响，因此可以作为悬浮泥沙遥感反演的有效波段。对鄱阳湖水边界线上的其他横断面进行相同分析时，所获得的结果与图 4-1 类似。

而从实测的遥感发射率数据可以看出，1 240 nm 处水体的反射信号在悬浮泥沙浓度大于 200 mg/L 的情况下仍然约为 0（图 4-2（b）），因此，有理由相信，突然增大的 R_{rc} 是受到了陆地信号的影响而引起的。这些受到邻近效应影响的遥感数据无法进行准确的大气校正，需要针对鄱阳湖提出区域性的解决方案。另外，从图 4-1 也可以发现，645 nm 波段基本不受邻近效应的影响，可以作为悬浮泥沙遥感反演的参考波段。

大气校正是水色遥感研究的首要关键技术，也一直是其重点和难点所在。为了获取鄱阳湖水体的遥感反射率 R_{rs}，首先采用了 SeaDAS 中的标准大气校正算法（Gordon et al.，1994）。然而由于

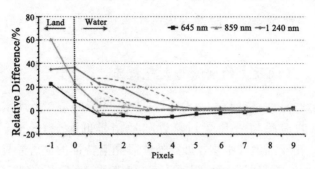

图 4-1　MODIS 三个波段上邻近像元间反射率的相对差异，水体像素上相
　　　　对差异较大，说明受到陆地邻近效应的影响（虚线圈记）。水陆交
　　　　界线在横轴上用 0 表示

MODIS 水色波段在鄱阳湖信号饱和，以及动态水陆边界与邻近效应等的影响，无法用 SeaDAS 获取有效的 R_{rs} 数据。考虑到这些因素的影响，本研究提出了一种针对 MODIS 陆地波段的区域性大气校正算法。

　　在对 MODIS 数据进行预处理时（见 2.1.1），剔除了气体吸收和瑞利散射信号，获取的 R_{rc} 数据只包含气溶胶散射与陆地邻近效应的影响。从图 4-2（b）可知，1 240 nm 波段在鄱阳湖水体上的实测 $R_{rs} \approx 0$，因此 R_{rc} 此波段的信号（$R_{rc,1\,240}$）在开阔的湖面上（如图 4-1 所示，距水陆边界线大于 4 个像素）可以认为全部来源于气溶胶散射的影响。而距水陆边界线 4 个像素以内的像元，可以采用一种最邻近像元插值的方法（Hu et al.，2000），即利用邻近的有效像素值（距水陆边界线大于 4 个像素）进行填充。因此，MODIS 645 nm 波段的大气校正可以近似用 $R_{rc,645}$ 减去利用最邻近像元插值方法获取的 1 240 nm 波段反射率（$R_{rc,1\,240'}$）。然而，假设整个鄱阳湖区的气溶胶信号基本相等，邻近像元方法则可以用更简便的方法代替，即用远离陆地某一像素上的 $R_{rc,1\,240}$ 代表全鄱阳湖的气溶胶状况。因此，本章针对鄱阳湖 MODIS 645 nm 的 R_{rc} 数据，比较了两种不同大气校正方法的效果。

　　方法 1：选取湖中心区域 10×10 像素的一个窗口（具体位置见图 4-2（a），彩图见插页），将这 100 个像素 $R_{rc,1\,240}$ 的中值

（$R_{rc,constant1\,240}$）视作全鄱阳湖的气溶胶反射率。因此，645 nm 在任意像素的地表发射率（经过大气校正）可以估算为 $R_{rc,645}$ $-R_{rc,constant1\,240}$，获取的结果在下文中用 $R_{rc,645-constant1\,240}$ 表示。

方法 2：对于远离水陆边界线的像素（>4 个像素），地表反射率直接用 $R_{rc,645}-R_{rc,1\,240}$ 计算。对于距离水陆边界小于 4 个像素的水体像元，其对应的 $R_{rc,1\,240}$ 用最邻近的有效像素值替换。此方法获取的结果在下文中用 $R_{rc,645-nearest1\,240}$ 表示。

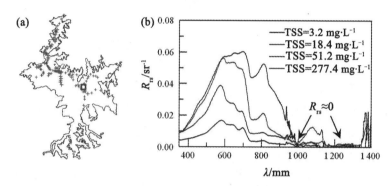

图 4-2　（a）2009 年 10 月与 2011 年 7 月鄱阳湖实测站点位置，其中绿色代
表实测值与 MODIS 遥感数据的同步观测站点；（b）鄱阳湖实测光谱
数据（R_{rs}），其中在 1 000 nm 与 1 150~1 380 nm 的光谱区间内，遥
感反射率约为 0，因此可以认为水体在 1 240 nm 波段上对 MODIS
反射率没有贡献

4.1.2　悬浮泥沙遥感反演模型建立

悬浮泥沙遥感反演的经验模型本质上是同步实测悬浮泥沙浓度与单波段反射率或波段组合之间建立的回归关系（线性或非线性）。为了选取 MODIS 遥感影像与实际观测值之间的同步数据，采用了两个约束条件：（1）MODIS 的过境时间与实测数据获取时间相差在 ±3 h 以内（Bailey et al.，2006）；（2）为了避免水体上破碎斑块的影响，在以实测站点为中心的 3×3 像素内（注意：实测站点为点状分布，而 MODIS 一个像素相当于 250×250 m²）作同质性检查。若 3×3

窗口内的方差大于 0.4，则认为水体在此实测点的破碎度较大，其对应的数据在建模中应当剔除（Harding et al.，2005）。将 2009 年 10 月与 2011 年 7 月的实测数据与 MODIS 遥感影像进行匹配，总共获取了 38 组同步数据，其数据采集的站点位置如图 4-2(a) 所示。

图 4-3(a)-(c) 分别列出了实测悬浮泥沙浓度与 $R_{rc,645-constant1\ 240}$，$R_{rc,645-nearest1\ 240}$ 以及 $R_{rc,645}$ 的相关关系。很显然，$R_{rc,645}$ 模型的误差较大，其均方根误差（Root Mean Square Error，RMSE）和平均相对误差（Mean Relative Error，MRE）都为最大值，这也说明了鄱阳湖区气溶胶对水体信号的影响不可以忽略。另外，对于经过利用大气校正数据结果建立的反演模型中，$R_{rc,645-nearest1\ 240}$ 优于 $R_{rc,645-constant1\ 240}$。其主要原因是，气溶胶信号在鄱阳湖区域内（长 173km，最宽处 74km）的空间分布不一致，气溶胶散射不能用一个固定位置的值代替。此外，通过对所有 MODIS 真彩色合成（RGB）图像进行目视解译发现，气溶胶在鄱阳湖区域内存在空间上的差异。因此，用最邻近的大气校正方法较其他方法更具合理性，同时，$R_{rc,645-nearest1\ 240}$ 与实测悬浮泥沙浓度的高相关关系以及其反演模型的低误差又进一步说明了该方法的有效性。除单波段反演模型以外，Doxaran et al.（2002）发现遥感反射率的波段比值更能准确地反演悬浮泥沙浓度。图 4-3(e) 建立了 $R_{rc,859}/R_{rc,645}$ 与悬浮泥沙浓度之间的关系，而其精度远远低于 $R_{rc,645-nearest1\ 240}$ 模型。

美国航空航天局 NASA 提供了经过大气校正的 MODIS 陆地波段地表发射率（R）产品，其编号为 MOD09GQ（Terra）和 MYD09GQ（Aqua）。类似的，将这些现成产品的单波段（R_{645}，图 4-3(d)）或波段比值（R_{859}/R_{645}，图 4-3(e)）数据同实测悬浮泥沙浓度建立模型。然而，这些模型的精度无法与图 4-3(b) 相媲美。主要的原因是，此类地表反射率产品利用的是陆地大气校正算法，其精度（误差为 1%）难以达到水色遥感应用的要求（Kaufman et al.，1997；Vermote et al.，1997）。此外，MODIS 陆地波段地表发射率产品在水体上容易出现破碎斑块，无法用来获取准确的悬浮泥沙分布图。

综上所述，用最邻近方法获取的大气校正产品 $R_{rc,645-nearest1\ 240}$ 与实测悬浮泥沙浓度（范围在 3~200 mg/L）之间具有最好的相关关系

（$R^2 = 0.868$）。因此，本研究采用的悬浮泥沙反演模型是：

$$\text{TSS (mg/L)} = 0.678\,6\,\exp(34.366 \times R_{rc,645-nearest1\,240}) \quad (4\text{-}1)$$

而用此模型反演的悬浮泥沙浓度的平均相对误差为 37.7%，均方根误差为 44.5%（如图 4-4 所示）。为了进一步验证模型的有效性，

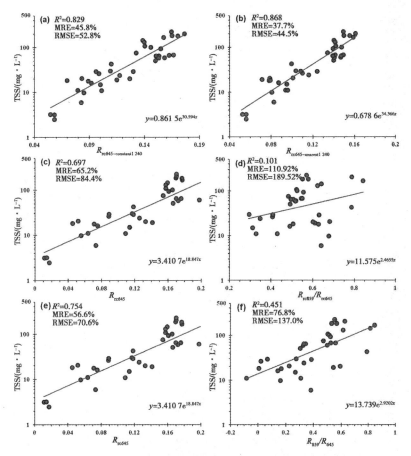

图 4-3　实测悬浮泥沙浓度与 MODIS 单波段或波段组合之间的回归模型。其中，R_{rc} 为瑞利校正发射率，R 为 MODIS 陆地大气校正地表反射率产品（MOD09GQ 和 MYD09GQ），$R_{rc,645-nearest1\,240}$ 为利用最邻近方法获取的大气校正产品，$R_{rc,645-constant1\,240}$ 则将湖中心固定区域的 $R_{rc,1\,240}$ 视作全鄱阳湖区的气溶胶散射信号

在 38 组同步数据中随机抽出一半建立与公式 (4-1) 类似的反演模型，另一半数据则用于验证模型精度。结果显示，新建模型的平均相对误差和均方根误差与公式 (4-1) 相近，分别为 33.5% 和 40.1%。

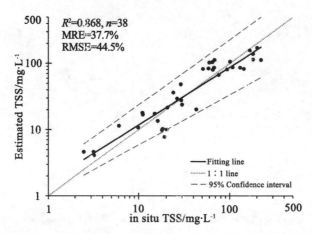

图 4-4　实测悬浮泥沙浓度与 $R_{rc,645-nearest1\ 240}$ 模型估算值
之间的比较，两者之间具有较好的一致性

4.2　鄱阳湖悬浮泥沙时空分布规律

在鄱阳湖水体范围图谱 (详见第 3 章) 上进行悬浮泥沙遥感反演。然而在 2000—2010 年总计 620 景无云 MODIS 数据中，有少量遥感数据因受到薄云或太阳耀斑的影响，不能用于水色参数的定量遥感反演。因此，本章从中选取了 580 景有效数据 (时间分布如表 4-1 所示) 用以反演鄱阳湖悬浮泥沙分布图 (反演公式 (4-1))。在此基础上，获取了鄱阳湖悬浮泥沙浓度的季节性及年平均产品。本章的季节性分析都是以季度为基础进行的 (例如 1～3 月为第一季度，以此类推)，并以松门山岛为界将鄱阳湖划分为北湖区与南湖区进行对比分析。

表 4-1　　鄱阳湖悬浮泥沙反演所使用的 MODIS 遥感数据时间分布

	Year											
	2000	2001	2002	2003	2004	2005	2006	2007	2008	2009	2010	Total
Jan.	–	1	5	6	2	2	2	8	5	7	2	40
Feb.	1	1	1	4	4	1	1	8	6	4	3	34
Mar.	5	2	1	3	3	3	2	3	6	4	5	37
Apr.	1	1	2	3	5	7	3	4	7	2	38
May	2	3	2	4	3	1	3	6	5	9	8	46
Jun.	2	1	1	1	2	5	1	1	1	1	1	17
Jul.	4	5	7	5	4	2	2	2	2	4	3	40
Aug.	1	1	3	4	3	1	3	3	2	5	9	35
Sep.	3	5	5	7	7	8	8	7	5	5	4	64
Oct.	2	4	11	13	11	9	3	8	4	10	9	84
Nov.	5	7	1	7	10	3	6	13	15	9	9	85
Dec.	2	1	1	5	12	12	10	2	9	3	3	60
Total	28	32	40	62	66	54	44	64	64	68	58	580

如图 4-5 所示为 2000—2010 年间鄱阳湖四个季度的悬浮泥沙平均分布图，其浓度存在显著的空间和季节性差异。北湖区的浓度明显高于南湖区。北湖区在第四季度出现最大值，而其最小值为第二季度，而南湖区的最大、最小悬浮泥沙浓度分别在第一、第三季度。在第三季度，南湖区大部分水域比较清澈，悬浮泥沙浓度小于 5 mg/L。相反，第四季度的北湖区十分浑浊，其悬沙浓度达 50 mg/L 以上。在第三季度，鄱阳湖悬浮泥沙出现由北及南的羽流，可能由于长江高水位湖流的方向与正常的南→北流向相反（江水倒灌）。

图 4-6 给出了 2000—2010 年鄱阳湖的年平均悬浮泥沙浓度分布，而表 4-2 列出了南北湖区的年平均悬浮泥沙浓度及两者的差异。2000—2002 年间，鄱阳湖水体相对比较清澈，南北湖区的平均悬浮泥沙浓度小于 20 mg/L，湖区之间的差异并不明显（<7 mg/

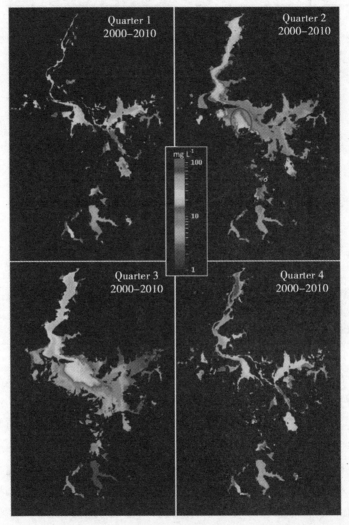

图 4-5　在 2000—2010 年中，鄱阳湖悬浮泥沙不同季度的平均分布图。
　　　　每个像素覆盖的面积约为 250×250 m²，圆圈标记处为赣江口在第
　　　　二季度的高悬浮泥沙浓度区

L，北湖与南湖比值小于 1.5）。然而 2002 年以后，鄱阳湖的悬浮
泥沙浓度显著上升，并且一直都维持着高浓度水平（2008 年除外）。

湖水最浑浊的年份为 2004 年和 2005 年，北湖区的悬浮泥沙浓度达
40 mg/L 以上，比南湖区高了近两倍。而分析所有数据的总平均值
（图 4-6 中"2000—2010"，表 4-2 最后一栏），在 2000—2010 年间，
北湖区的悬浮泥沙浓度（29.2 mg/L）是南湖区浓度（14.0 mg/L）的
两倍多。

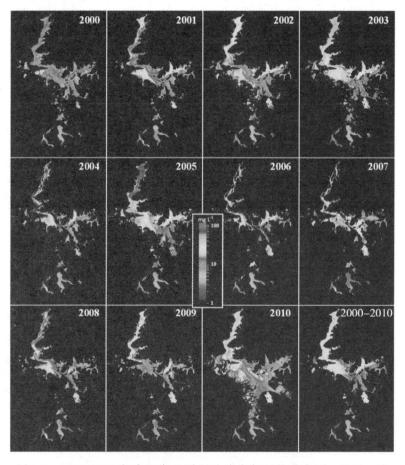

图 4-6　2000—2010 年鄱阳湖悬浮泥沙浓度年平均分布图，最后一张
"2000—2010"表示的是 11 年的总平均悬浮泥沙浓度分布

表 4-2　2000—2010 年间，鄱阳湖南北湖区的年平均悬浮泥沙浓度及标准差（括号内数值）。南北湖区的浓度差异为北-南，最后一列表示 2000—2010 年之间的平均状况

	Year											2000—2010
	2000	2001	2002	2003	2004	2005	2006	2007	2008	2009	2010	
South lake/mg·L^{-1}	9.8 (4.9)	14.5 (8.6)	12.9 (9.4)	16.0 (11.6)	14.5 (11.5)	15.8 (12.7)	18.0 (18.6)	14.7 (6.7)	12.7 (8.6)	14.5 (12.4)	10.9 (6.0)	14.0 (2.3)
North lake/mg·L^{-1}	12.4 (7.1)	16.7 (8.1)	18.9 (13.5)	35.5 (20.7)	42.8 (10.4)	42.7 (15.3)	37.8 (16.8)	32.8 (17.0)	19.2 (13.6)	28.5 (20.0)	33.2 (19.5)	29.1 (10.2)
Difference/mg·L^{-1}	2.6	2.3	6.0	19.5	28.3	26.9	19.8	18.1	6.5	14.0	22.4	15.1
North/South Ratio	1.3	1.2	1.5	2.2	3.0	2.7	2.1	2.2	1.5	2.0	3.1	2.1

为了更好地表达鄱阳湖悬浮泥沙的季节性与年际变化，图4-7
(a)计算了2000—2010年南北湖区的悬浮泥沙浓度季平均值，而
图4-7(b)列出了两者之差。值得注意的是，由于鄱阳湖水体范围
的高动态变化(图4-7(c))，只有在580景无云MODIS影像中水淹
没概率在90%以上的区域才进行平均值计算，因此列入计算的南
北湖区面积分别为200.8 km^{2}和64.9km^2。然而，分析显示(图4-
8)，选用淹没概率为50%和90%时，两组数据之间存在较好的相
关关系，且获取的悬浮泥沙趋势与图4-7基本一致，因此后续的统
计分析结果对淹没概率的选择不敏感。

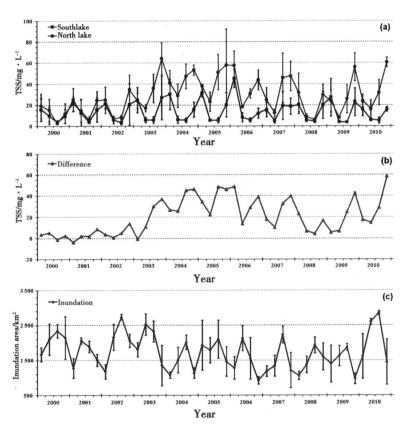

图4-8 2000—2010年间不同季度鄱阳湖南湖区与北湖区的悬浮泥沙浓度
平均值(a)及两者之差(b)；(c)为对应时间鄱阳湖的平均水面积

与图 4-6 类似，图 4-7 也体现了鄱阳湖悬浮泥沙的显著性季节性差异，其中第一、四季度的浓度比较高，而第二和第三季度的悬沙浓度值相对较小。2000—2002 年间，鄱阳湖南北湖区的悬浮泥沙浓度基本相等，两者之间的差距约等于 0。而在 2002 年以后，北湖区的悬浮泥沙浓度显著增加，到 2005 年第三季度达到最大值(>45 mg/L)。而在 2008 年，北部湖区的悬沙浓度突然下降到 2000—2002 年的水平。相比而言，南湖区的浑浊度在 2000—2010 年间基本保持稳定状态，仅在 2003—2005 年间有少量上升。

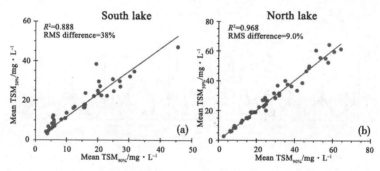

图 4-7　选用不同的淹没概率(50% 和 90%)估算的平均悬浮泥沙
浓度之间的关系，(a)为南湖区，(b)为北湖区

图 4-9 具体分析了鄱阳湖北湖区悬浮泥沙浓度的长时间序列变化。以 0.05° 为基本单元，将北湖区在纬向上划分成 11 个小区域，图 4-9(b)的每个像素为对应小区域内悬浮泥沙浓度的平均值，而图 4-9(c)则描述了每个小区域悬沙浓度的距平百分比。很明显，鄱阳湖的北湖区浑浊度在 2003—2007 年间明显高于其他年份，且在该区域内呈较大的空间差异。而 11 年悬沙分布数据的标准差体现了 2000—2011 年间鄱阳湖北湖浑浊度的年际变化状况(图 4-9(a))。北湖区的时空动态十分显著(>20 mg/L)，而南湖区的年际差异较小，其部分区域的标准差小于 5 mg/L。

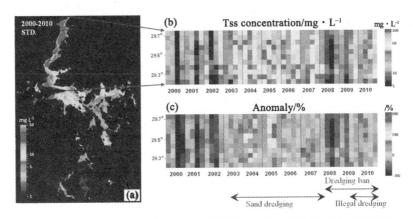

图 4-9　（a）2000—2010 年间鄱阳湖悬浮泥沙浓度在每个像素上的年际变
化特征（即 11 年平均数据的标准差）；（b）以 0.05° 为基本单元，
将北湖区在纬向上划分成 11 个小区域，图中表现的是每个小区
域内悬浮泥沙平均值的长时序变化状况；（c）长时间序列下，每
个小区域的悬浮泥沙距平百分比（平均值为小区域在该季度上
2000—2010 年数据的平均）

4.3　鄱阳湖悬浮泥沙时空分布的形成机制分析

4.3.1　季节性分布差异的形成机制

　　鄱阳湖悬浮泥沙的季节性分布特征主要是由湖流的变化而引起
的（张本，1988）。鄱阳湖在枯水期（第一、四季度）萎缩成一条狭
长的河道，南北湖区的水位相差较大。因此，底部泥沙受到较大重
力流的冲刷而悬浮到水体中，引起悬浮泥沙浓度的增加。相反，在
丰水期（第二、三季度），受长江的高水位顶托，鄱阳湖南北水位
基本持平，湖流缓慢，悬浮泥沙容易沉积，因此水体的浑浊度较
低。然而，在每年的 7~9 月份，当长江水位高于鄱阳湖时，江水
出现倒灌，由于长江水在此时的浑浊度比鄱阳湖高，从而导致第三
季度北部湖区的异常高值（图 4-10）。

　　而在第二季度，赣江入湖口附近的悬浮泥沙浓度较高（图 4-6），

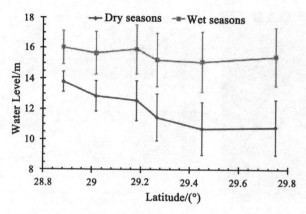

图 4-10　2000—2009 年鄱阳湖湖区内六个水文站点的水位分别在枯水期
　　　　（一、四季度）与丰水期（二、三季度）的平均值。湖泊的南北水
　　　　位差在枯水期较大，在丰水期较小

这主要来源于河流注入的泥沙。赣江是鄱阳湖的最大支流，其携带的泥沙量占五河总量的 50% 以上（2000—2009 年的统计结果）。然而在第二季度，赣江的携沙量占到了五河总量的 63.2%，因此，直接导致了入湖口附近的高悬浮泥沙浓度。

4.3.2　采砂活动对鄱阳湖悬浮泥沙年际变化的影响

除季节性差异以外，本章最大的发现是鄱阳湖北部湖区悬浮泥沙浓度的显著性年际变化（图 4-7 和图 4-9）。在 2003 年以前，该区域的悬沙浓度较小，并与南湖区基本相同。在 2003—2010 年间（除 2008 年以外），北湖区的悬浮泥沙浓度显著增大，而南湖区依然维持着较为稳定的水平。而研究引起此年际变化的原因是本节的重点内容。

自 20 世纪 70 年代以来，长江上一直存在着挖砂的活动。而从 1998 年开始，国家正式通过《长江河道采砂管理条例》，禁止长江上的一切采砂活动（http://news.xinhuanet.com/zhengfu/2001-11/14/content_115021.htm），此后，长江上的采砂船只开始大量地涌入鄱阳湖。另一方面，由于长江下游长三角经济开发区的建设需要更多砂石，湖泊内采砂船的数量在过去的几年内不断增加。如图 4-11 陆地卫星数据(Landsat，30 m 空间分辨率)显示，在 2000 年，鄱阳湖北湖区上(曲线圈)没有发现任何采砂船，而从 2005 年获取的数据上看，该区域内可以清楚地分辨出无数的采砂船只。据报道(刘圣中，2007)，大型采砂船只的作业影响范围可达 100 m，其扰动的湖底底泥可以大范围地提高水体悬浮泥沙的浓度。

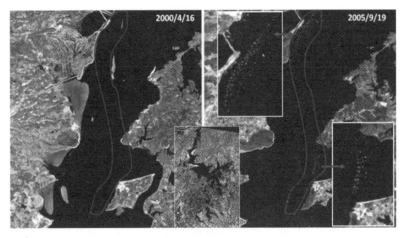

图 4-11 2000 年与 2005 年鄱阳湖获取的 Landsat 影像。在 2000 年，鄱阳湖北湖区(曲线标记区域)没有发现任何采砂船，而在 2005 年该区域出现无数的采砂船只

　　为了定量分析鄱阳湖北湖区悬浮泥沙的年际变化与采砂活动的关系，研究了 2000—2010 年间北湖区船舶数量与年均悬浮泥沙浓度值之间的相关关系。船舶提取使用的是 Landsat TM/ETM+的短波红外数据(2.09~2.35 μm)，因为水体在该波谱范围的强吸收，在此波段上，船舶与水体之间的区分度较为明显(如图 4-11 所示)。船舶提取所用到的 Landsat TM/ETM+数据如表 4-3 所示，为确保提取结果在时间上具有一致性，每年尽量挑选丰水期且过境时间相近的影像。

表 4-3　　　　　本文所用到的 **Landsat TM/ETM+数据列表**

Year	Date	Sensor
2000	4/16	ETM+
2001	7/8	ETM+
2002	7/11	ETM+
2003	7/30	ETM+
2004	6/22	TM
2005	9/29	TM
2006	7/14	TM
2007	8/10	ETM+
2008	7/27	ETM+
2009	5/11	ETM+
2010	9/19	ETM+

2000—2010 年间，鄱阳湖北湖区的悬浮泥沙浓度与该区域的船舶数量呈显著的相关关系（$R^2 = 0.61$，$P < 0.05$，图 4-12（a））。在整个北湖区，提取出的船只可能包括部分运砂船，而运砂船对悬浮泥沙浓度变化的贡献并不明显，因此两者之间的相关关系可能会出现偏差。然而，目前难以从遥感上分辨出采砂船与运砂船的区别。这些运砂船一般将采砂船采挖的砂石从北湖区的最南端运到湖口附近，最后运输到长江口的砂石市场。因此，为了最大限度地减小运砂船的干扰，单独分析北湖区悬浮泥沙与最南端的两个小区域（与图 4-9 类似，0.05° 为单元，29.2°~29.3°N）内船舶数量之间的关系。最南端区域由于运输的距离最短，提取船只为运输船的可能性最小。结果显示，北湖区的悬浮泥沙浓度与这个区域内的船舶数量呈更为显著的相关关系（$R^2 = 0.90$，$P < 0.01$，图 4-12（a）），悬浮泥沙浓度可以用该区域内船舶数量近似估算：

$$TSS = 0.227Y + 13.79 \qquad (4\text{-}2)$$

式中，TSS 为北湖区悬浮泥沙浓度的年平均值；Y 则为北湖区最南端区域(29.2°~29.3°N)内的船舶数量(用 Landsat TM/ETM+数据提取)。

意识到采砂活动给当地水生生态环境带来的严重危害，江西省政府也颁布了《关于进一步加强赣江中下游及鄱阳湖采砂管理的意见》，禁止赣江中下游和鄱阳湖区的一切采砂活动(http://news.xinhuanet.com/newscenter/2008-02/28/content_7686155.htm)。伴随法令颁布的是，鄱阳湖采砂船数量迅速减少(图 4-12(a))与水质显著性提高(图 4-7、图 4-9(b)-(c))。2008 年，鄱阳湖的悬浮泥沙浓度降到 2000—2002 年采砂活动盛行前的水平。然而，水体浑浊度的改善仅维持了一年，北湖区的悬浮泥沙浓度在 2009—2010 年间又显著性提高。这种异常变化状况主要归因于 2008 年以后的人为采砂活动。由于江西省经济较为落后，工业生产不发达，采砂已经成为许多区域政府的主要财政收入，甚至一些地方的政府部门鼓励其管辖范围内的采砂活动(http://www.chinadialogue.net/article/show/single/en/839-Poyang-Lake-saving- the-finless-porpoise)。因此，即使上级政府已经颁布了相关禁令，其政策的执行力还有待进一步加强。

在每年的第三季度(7~9 月)，当长江水位高于鄱阳湖时，江水出现倒灌(Shankman et al.，2006)，长江携带的部分泥沙随之注入鄱阳湖。因此倒灌流的年际变化也可能改变鄱阳湖(特别是北湖区)悬浮泥沙的时空分布状况。然而，图 4-7(a)显示，北湖区悬浮泥沙在 2003—2007 年间都有显著性增加，而悬浮泥沙的最大值并没有出现在第三季度。因此，长江–鄱阳湖系统的水情变化不是湖泊悬浮泥沙显著性年际差异的主要因素。

其他自然因素(包括风速、流域降水及径流所携带的泥沙量)也可以影响悬浮泥沙浓度。风场的变化可以影响底部泥沙的再悬浮能力(Booth et al.，2000)，强降水可以在流域内冲刷更多的泥沙(Bhuyan et al.，2002)，而径流携带的泥沙注入可以直接改变湖泊的悬浮泥沙含量。图 4-13 为 2000—2010 年间上述三个自然因素的

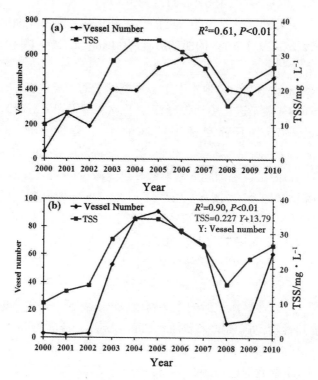

图 4-12　(a) 2000—2010 年间，用 Landsat TM/ETM+短波红外数据
（2.09~2.35μm）提取的鄱阳湖北湖区的船舶数量（包括采
砂船与运砂船）；(b) 与 (a) 类似，但图中船舶的数量来源
于北湖区最南端的区域（29.2°~29.3°N）

距平百分比。风速在这 11 年间基本保持稳定，而流域的降水量与
五河携带的泥沙量有所浮动。例如，降水与径流泥沙含量的最大值
都出现在 2002 年，然而鄱阳湖悬浮泥沙浓度在当年比较低。与此
相类似，降水与径流泥沙的距平值在 2004 年都为负值，而悬浮泥
沙浓度则相当高。另外，径流所携带的泥沙含量在 2000—2009 年
呈明显的下降趋势，而对应水体的悬浮泥沙浓度没有出现类似趋
势。因此，即便这些自然因素会对鄱阳湖的水体混浊度产生影响，
其作用与采砂活动的影响相比几乎可以忽略。

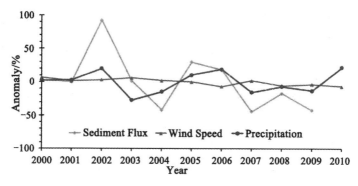

图 4-13 可能影响鄱阳湖悬浮泥沙浓度因子(风速、
流域降雨及五河径流携沙量)的距平百分比

4.4 遥感反演的误差分析

针对于高动态内陆浑浊湖泊的水色参数反演,其最大难点在于缺乏标准的大气校正和遥感反演算法,因此无法建立遥感信号与水质参数之间的联系。SeaDAS 中标准的大气校正算法(Gordon et al.,1994)在鄱阳湖是不适用的,因为水体在近红外波段(MODIS 为 748 nm 和 86 nm)的信号不能忽略(图 4-2)。鄱阳湖水体在短波红外信号约等于 0,基于 SWIR 的大气校正算法(Wang et al.,2007)具有潜在的可行性。然而,短波红外在鄱阳湖区域受陆地邻近效应的影响严重,因此,该方法的大气校正结果会存在较大的误差。

因为气溶胶的贡献在各个波段上存在差异,因而从理论上而言,本章采用的大气校正方法存在误差(本方法假设 645 nm 与 1 240 nm 波段的气溶胶信号相等)。然而,一方面在鄱阳湖区域内,定义气溶胶散射光谱曲线的 Angstrom 指数无法获取;另一方面,由气溶胶散射对两个波段反射率贡献相等的假设所带来的误差会在一定程度上被经验回归模型抵消(图 4-3(b))。因此,本章提出的利用 $R_{rc,645}$ 减去最邻近 $R_{rc,1\,240}$ 的方法可以有效地保证大气校正结果的时空一致性。然而,考虑气溶胶光谱差异的区域性大气校正

73

算法仍然有待进一步研究。

　　由于本研究采用 MODIS 单波段（645 nm）数据进行悬浮泥沙反演，因此光学浅水区的底质贡献也可能会给反演的结果带来误差（Lodhi et al.，2001；Tolk et al.，2000）。而鄱阳湖水体底质信号的贡献可以通过如下方法进行简单评估：水体的漫衰减系数（K_d）近似等于总吸收（a）与后向散射系数（b_b）之和。而在 645nm 波段处，CDOM 的吸收可以忽略，悬浮颗粒物的吸收也比较小，因此其总吸收主要来源于水体本身（吸收系数为 0.325m^{-1}，Pope et al.，1997）。例如，悬浮泥沙浓度为 3 mg/L 时，若颗粒物的比吸收系数为 0.002 6m^2·g^{-1}（Babin et al.，2003），悬浮颗粒物的吸收贡献为 0.008 m^{-1}。从 AC-s 的实测数据得知，鄱阳湖悬浮颗粒物的比散射系数为 0.95m^2·g^{-1}。假设其后向散射率为 2%，悬浮泥沙等于 3 mg/L 时，后向散射系数约为 0.0 6m^{-1}。因此，鄱阳湖最清澈的水体（TSS＝3mg/L）上 $K_d(645) \approx 0.39$ m^{-1}。这种情况仅存在于第三季度的少部分区域（东部与南部的湖区，图 4-5），并且这些区域的湖底底质以水草为主（图 4-14），在 645 nm 波段的反射率仅为 5% 左右（Fyfe，2003）。因此，对于水深为 1 m 的浅水区域，底质对 MODIS 反射率的贡献近似为 5% * exp（2 * 0.39 * 1）* 0.5＝1.1%，相当于 MODIS $R_{rc,645-nearest1\ 240}$ 值在 TSS＝3 mg/L 的 20%（图 4-3(b)）。此表达式中，"2"表示双向衰减，"0.5"用来将水面以下反射率转换到水面以上（由水体折射引起的差异）。然而，在悬浮泥沙浓度大于 3 mg/L 或水深大于 1 m 的区域，底质的贡献小于 20%。在实际情况下，清洁湖区的水深往往大于 1 m，而在砂质底质的湖区，其悬浮泥沙浓度远大于 3 mg/L。因此，即便在最坏的情况下，鄱阳湖底质对 MODIS 地表反射率的贡献小于 20%，而在其他条件下，其影响可以忽略。因此，湖泊底质信号对鄱阳湖悬浮泥沙反演结果的不存在显著影响。

　　另外，悬浮泥沙的多种粒径分布可能是反演模型的另一个误差源。悬浮泥沙颗粒物的后向散射（b_b）对遥感反射率有直接贡献（R_{rs} α $b_b/(a+b_b)$），而后向散射比与颗粒物的粒径大小成反比。换言之，相同的悬浮泥沙浓度，粒径较大的颗粒物将引发较小的后向散

图 4-14 2009 年 10 月份在鄱阳湖东部湖区获取的照片，
湖泊在此区域的底质以水草为主

射，其遥感反射率也随之较小。虽然，Moore et al.（1999）和 Doxaran et al.（2002）的研究表明，建立基于波段比值的反演模型可以避免粒径大小所产生的误差，然而本章的研究显示，波段比值模型的误差远大于单波段模型。因此，有必要进一步分析鄱阳湖泥沙粒径分布对 MODIS 单波段遥感反演模型的影响。

LISST-100X 的实测数据表明，鄱阳湖泥沙粒径分布主要有两种类型，一部分主要由粒径为 10~20 μm 的颗粒物组成，而另一部分由大于 100 μm 的颗粒物主导（图 4-15（a），彩图见插页 I）。然而，两组不同的数据与 $R_{rc,645-nearest1\ 240}$ 的关系并不存在本质上的差异（图 4-15（b））。其可能的原因是由于两种类型颗粒物之间的密度差异抵消了粒径差异的影响。为了进一步证实此种推测，采用了 Bowers et al.（2009）的方法估算颗粒物的平均面积（D_A，单位为 μm）和表观密度（ρ，单位为 kg·m^{-3}）。其中 D_A 的计算公式为：

$$D_A = \int_{D_1}^{D_2} N(D)\ D^3 \mathrm{d}D / \int_{D_1}^{D_2} N(D)\ D^2 \mathrm{d}D \qquad (4-3)$$

式中，D_1、D_2（μm）分别为 LISST-100X 测量粒径的上限与下限；$N(D)$（μL·L^{-1}）为测量区间 D 到 $D+\mathrm{d}D$ 内颗粒物的体积浓度；ρ 为表观密度，实际指的是实测悬浮泥沙浓度（mg/L）与 LISST-100X

实测体积浓度（$\mu L \cdot L^{-1}$）的比值。如图 4-15（c）所示，D_A 与 ρ 成反比，即小颗粒物的密度较高，反之亦然。然而，密度与后向散射比一般也是成反比关系（Babin et al.，2003），因此，悬浮颗粒物的不同密度和粒径分布所产生的效应在鄱阳湖会相互抵消。综上所述，基于 MODIS 单波段反射率数据建立的模型可以有效地实现鄱阳湖不同密度与粒径分布悬浮泥沙的遥感反演。

图 4-3（b）与图 4-4 显示，鄱阳湖悬浮泥沙反演模型误差为 30% ~ 40%，然而此误差并不能简单地解读为 MODIS 反演结果存在的误差。这其中还包括 MODIS 遥感数据与船舶观测值之间采样方式的差异（遥感像元 $250 \times 250 \ m^2$ 面与实测数据点之间的差异），观测船航行对水体的扰动以及同步数据之间的时间差（$\pm 3 \ h$）等。此外，对连续几日内无云 MODIS 获取的悬浮泥沙分布图进行比较分析发现，绝大部分像素之间的差异约为 12.5%。另外，本章的分析都基于季节与年际平均产品，反演模型的误差在长时序的统计中可以视作随机误差而被部分抵消。

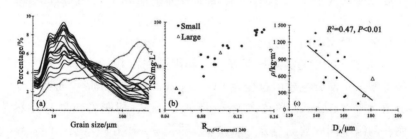

图 4-15　（a）鄱阳湖悬浮泥沙存在两种不同类型的粒径分布，LISST-100X 取样的粒径分布用红点表示；（b）不同粒径分布的悬浮泥沙浓度与 MODIS $R_{rc,645-nearest1\ 240}$ 之间的关系，大粒径（三角形表示）与其他小粒径颗粒物（黑点表示）之间不存在明显的区分度；（c）表观密度（ρ）与颗粒物平均面积（D_A）之间的关系

4.5　本章结论与讨论

为了获取 2000—2010 年鄱阳湖长时序的悬浮泥沙分布图，本

研究所解决的关键性技术难题有：（1）采用最邻近像元的大气校正方法，以此避免邻近陆地信号对水体反射率的影响，此方法将MODIS $R_{rc,1\,240}$ 的信号全部视作气溶胶的贡献；（2）采用大气校正后的 645 nm 波段发射率（$R_{rc,645-nearest1\,240}$）与同步实测数据建立悬浮泥沙的遥感反演模型。结果显示，$R_{rc,645-nearest1\,240}$ 模型较其他方法有明显的优势，在 TSS 为 3~200 mg/L 之间，其反演误差为 30%~40%。

通过对鄱阳湖悬浮泥沙分布结果的季节性与年际统计发现：（1）鄱阳湖悬浮泥沙浓度枯水期总体上高于丰水期，这主要是由湖流的季节性变化导致的（自然因素）；（2）鄱阳湖北湖区的悬浮泥沙浓度呈显著的年际变化，而这主要是受到人为活动的影响。鄱阳湖的采砂活动直接导致了 TSS 在 2003—2007 年的显著性提高，而江西省政府在 2008 年的禁砂令仅在当年得到有效执行，2009—2010年泥沙浓度又呈上升趋势。同时，鄱阳湖采砂船数目与 TSS 之间存在显著的相关关系。其他自然因素即便可能对悬浮泥沙的时空分布产生一定的影响，但是都无法与采砂活动的影响相比。（3）南湖区与北湖区的多年平均悬浮泥沙浓度相差两倍多，南北湖区分别为14.0 mg/L 和 29.2 mg/L。导致两者差异的主要原因也是从 2002 年后期开始的采砂活动，而 2000—2002 年间，两个湖区的悬浮泥沙浓度基本相等。因此，若当地政府规划将鄱阳湖的水质恢复到采砂前的水平，其政策的执行力还需要进一步加强。

虽然鄱阳湖悬浮泥沙的年际变化（包括 2002 年以后的上升，以及 2008 年的短暂下降）都在意料之中，但是本研究第一次利用长时序的 MODIS 数据定量分析了湖泊悬浮泥沙浓度的时空动态。然而，考虑到鄱阳湖的广阔水域面积以及复杂的水下地形，利用传统的船载测量方法无法定量分析人类活动引起的变化。本研究的成功开展主要得益于以下几点：（1）高频率、大范围覆盖的 MODIS 遥感影像；（2）有效的区域性的大气校正与悬浮泥沙反演算法；（3）湖泊的高动态水体范围图谱（第 3 章提供）；（4）气象、水文等其他辅助数据的准确获取。

本研究证明了遥感不仅可以监测湖泊水质参数的长时序变化，而且可以辅助决策并评估政策的执行力。在气候变化的大前提下，准确判别环境变化的主导因子是政府决策的重要依据，而本章所提供的例子则明确地将鄱阳湖悬浮泥沙的年际变化与人类活动(采砂与相关政策的执行)联系起来。然而，若没有长时序的连续遥感观测，将无从了解江西省 2008 年采砂禁令的有效性，这也为省政府进一步督促下属部门的政策执行提供依据。

从更大的层面上而言，地球上的许多海岸带与内陆水体都与鄱阳湖类似，存在采砂带来的水质变化等问题，例如英吉利海峡与波罗的海(Desprez, 2000; Kutser et al., 2007)。其他自然或人为因素，包括风暴、人工育滩以及大坝建设等，都将影响其下游海岸带水体的水质状况，从而破坏其正常的生态功能(Vörösmarty et al., 2003; Wilber et al., 2006)。本研究解决了一系列水色遥感的难题(气溶胶、邻近效应等)，这些方法对其他区域的相关研究具有重要的借鉴意义。

此外，分析发现，鄱阳湖流场的季节性变化会影响湖底的冲淤变化过程，而采砂活动可以直接改变湖泊的地形特征。因此，这些自然过程和人为活动都能在一定程度上引起鄱阳湖的湖底地形变化。如何获取准确的湖泊水下地形并监测其时空动态特征，是下一章研究的重点内容。

第5章 高动态湖泊湖底地形的遥感监测

冲淤变化引起的湖底地形变化趋势是估算湖泊调蓄能力的基础，也是决定湖泊系统演化的关键因子，然而利用声纳、激光雷达或光学反演等常规监测方法难以快速有效地获取高泥沙含量大型湖泊的湖底地形信息。本章利用鄱阳湖淹没范围的动态变化过程，将每一景影像提取的水陆边界线视作水深线，结合实测水位数据，提出了一种获取高动态湖泊湖底地形的新方法。基于长时序 MODIS 影像的鄱阳湖水体范围提供了渐进变化的水深线，在此基础上获取了多年的鄱阳湖湖底地形及变化特征，分析了湖泊湖底地形的整体变化规律及其空间差异性，并探讨了其潜在的驱动因子。

5.1 遥感获取鄱阳湖湖底地形的难点

精准的水下地形不仅是航线规划和航运安全的重要数据（Allen，2000；Dawe et al.，2010；Song et al.，1994），也是开展数值模拟、泥沙输运监测等研究不可或缺的边界条件（Alho et al.，2010；Lane et al.，1999；Walker et al.，2002）。传统的测量方法主要是用船载声纳沿航行轨迹做断面测量（Kiss et al.，2007），尽管获取数据的精度很高，但是往往受到高人工、经济成本以及环境条件的限制（Flener et al.，2010；Senet et al.，2008）。例如，在水体范围高动态变化的鄱阳湖，各种人类活动（例如采砂等）使得湖底地形极端复杂，而湖泊水体季节性地被洲滩湿地分隔，使得传统船只测量的方法难以获得整个湖区的湖底地形。

　　作为中国最大的淡水湖泊，鄱阳湖在航运、蓄洪、生物多样性保护等方面都扮演者关键性的角色(李荣昉等，2003；赵其国等，2007)。然而，由于鄱阳湖流域严重的水体流失(Chen et al.，2007)，五河带来的泥沙淤塞了湖泊，使得湖盆抬升而造成洪水泛滥(Shankman et al.，2006)。而且，长江上游三峡水库的蓄水改变了鄱阳湖流域的水文过程，进而影响了湖泊底部沉积物的淤积与冲刷，而这些变化都将引起湖底地形的动态变化。然而，目前为止还没有一家研究机构或政府部门能够提供鄱阳湖最新的湖底地形图，更无法探讨湖底地形的多年变化特征及发展规律。

　　目前，已有学者尝试利用多种遥感手段获取浅水区的水下地形图。激光雷达(LiDAR)通过获取不同水域发射与接收光束的时间差异来反映地形的起伏变化(Costa et al.，2009；Gesch et al.，2002；Lyzenga，1985；Wang et al.，2007)，但是费用高、幅宽窄等特点限制了其在常规观测中的应用。由于不受云覆盖的影响，雷达影像也被用于此类研究，但是它也只能在最佳的水面状态下发挥作用(Gao，2009)。被动遥感水深观测为水下地形的反演提供了另一种重要的数据源。一方面，利用有限的实测数据与遥感反射率之间的相关关系，可以通过经验模型或神经网络等方法进行水下地形反演(Carbonneau et al.，2006；Ceyhun et al.，2010；Lyzenga，1978；Sandidge et al.，1998；Stumpf et al.，2003)。另一方面，通过辐射传输方程模拟光在水下的传输过程，并利用单波段、多波段或者高光谱的数据可以准确获取水下地形的起伏变化特征(Lee et al.，1999；Lee et al.，2010；Lyzenga et al.，2006；Philpot，1989)。但是，这些主被动的遥感技术手段大多都只适用于光学浅水区，因为光信号在光学深水中难以传输到水底(Bagheri et al.，1998；Gao，2009；Hamilton et al.，1993；Lafon et al.，2002；Lee et al.，1999；Wang et al.，2007)，无法获取水下地形的空间分布特征。鄱阳湖水体高度浑浊，在一些湖区的悬沙浓度可达 100 mg/L 以上，其对应赛刻盘深度小于 0.1 m。因此，上述方法在鄱阳湖都将失效，提出一种新的方法获取其湖底地形是正待解决的难题。

5.2　遥感获取高动态湖泊湖底地形的方法

5.2.1　水面范围变化与水位的比对分析

目前，海岸带的水边界线变化过程可以利用光学遥感数据进行准确的实时监测。例如，由于潮汐改变了库克海湾(阿拉斯加)滩涂的淹没状况，Oey et al. (2007)利用 MODIS 获取的水面变化数据验证了数值模拟的精度。另外，从上一章的研究也可以得出，长时序 MODIS 遥感影像可以有效地获取鄱阳湖水体范围的季节性变化特征。如果已知水陆边界线上的水位，则已知了边界对应位置的高程值，而高动态变化的水体范围数据给获取长时序的湖底高程等深线提供了可能，在此基础上即可以获取鄱阳湖的湖底地形。

鄱阳湖长时间序列水体范围图谱已经通过 FAI 与梯度的方法获取(详见第 3 章)。根据水体范围的高动态变化过程，结合湖泊内水文站实测水位数据，每年都挑选出多个湖泊水边界线分布图。首先选择年内最大最小水体范围所对应的水边界线图。另外，鄱阳湖年水体范围从最小到最大的过程中，水位也随之增长，在这个变化过程中，也挑选一定数量的水边界线数据。图 5-1 利用三景影像简单描述了 2000 年鄱阳湖水体范围的动态变化过程，而图 5-2 给出了当日鄱阳湖水文站点的实测水位数据。鄱阳湖水面积从 3 月 14 日的 1 805 km² 增大到 9 月 14 日的 2 586 km²，然后又缩小到 12 月 26 日的 1 011 km²，而实测水位值也相应发生变化。表 5-1 列出了 2000—2009 年中每一年度所挑选出的水边界线数目、最大最小水面积比以及实测水文站所对应的最高最低水位。

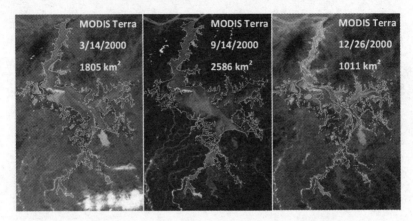

图 5-1　2000 年不同时期鄱阳湖的淹没状况（MODIS 真彩色合成图），
白线为利用 FAI 和梯度方法提取的水边界线

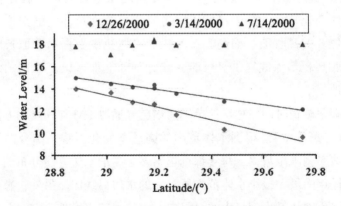

图 5-2　与图 5-1 对应时间的鄱阳湖水文站点实测水位数据

5.2.2　湖底地形提取方法

　　鄱阳湖水体范围的季节性动态变化十分显著。当水域面积从最大值开始减小时，洲滩湿地逐渐裸露出地表，同时水陆边界线向湖中心收缩。如果整个湖面水平且水位一致，缩减过程中的水陆边界线从地理上可以认为是等深线。然而，鄱阳湖湖流由南及北流入长江，在大多数情况下水位南高北低。如图 5-2 所示，鄱阳湖多个水

表 5-1 **本研究所用到的 MODIS 水边界线数、最大最小水面积**
以及对应星子水文站实测的最高最低水位,
同时列出了水面积及水位的平均增量(Increment)

		Year										
		2000	2001	2002	2003	2004	2005	2006	2007	2008	2009	Mean
Number of images		8	10	11	10	10	11	9	9	12	9	9.9
Water level/m	Max	17.77	15.32	18.84	18.81	17.18	18.72	16.83	18.47	17.59	16.83	18.84
	Min	12.13	11.90	11.43	10.28	11.37	10.87	10.91	10.33	10.47	10.84	10.28
	Increment*	0.71	0.34	0.67	0.85	0.58	0.71	0.66	0.90	0.59	0.67	0.67
Water area/km²	Max	2557	1948	2606	2614	2158	2713	2302	2442	2172	1981	2350
	Min	903	653	758	599	607	663	478	517	538	499	622
	Increment*	207	130	168	201	155	186	203	214	136	165	176

注: * 定义为 (Max-Min)/ Number of images。

文站点的实测水位值之间最大相差将近 5 m(如 2000 年 3 月 14 日和 12 月 26 日)。因此,若要将水陆边界线视作等深线,必须修正鄱阳湖的南北水位差。

鄱阳湖水面相对比较平缓,在大多数情况下,水位随纬度的增加而减小(如图 5-2 所示)。正是鄱阳湖水位由南向北单调递减的趋势,可以认为整个湖泊的水位与纬度之间具有高度的相关关系。因此,尽管鄱阳湖整个湖区仅设 8 个水文站(2006 年到 2009 年只获取其中 7 个站点的数据),湖区每一点的水位都可以利用这些站点的实测水位值在纬向上插值估算出来。如图 5-3 所示,水位与纬度之间具有显著的相关关系($R^2 > 0.8$),而与之相对应的是,鄱阳湖 8(7)个水文站点间水位值的标准差比较大(这进一步说明了湖泊水位的空间差异性)。然而,当鄱阳湖处于高水位的丰水期时,水位与纬度之间不再具有显著的相关性(R^2 较小)。此时,鄱阳湖湖流受到处于高水位的长江顶托(甚至出现江水倒灌),湖泊南北水位持平(湖面水平)。此时,水文站点的实测水位之间差异比较小(标准差小于 0.5 m),整个湖泊的水位可以用所有站点水位的均值近似代替。

在实际操作中，对多个实测站点的水位与站点位置的纬度做线性相关分析，若两者存在统计上的相关关系（$P<0.05$）时，湖区的水位则通过实测水位值在纬向上插值估算获取。否则，用站点间的均值代表整个湖泊的水位。

图 5-4 直观地描述了鄱阳湖湖底地形遥感提取的方法。(x, y)代表水陆边界线的经纬度坐标（湖底的位置）。在 t 时刻，湖泊任意位置上的水位值用 $h(t, x, y)$ 表示。$S_1(x_1, y_1)$、$S_2(x_2, y_2)$ 和 $S_3(x_3, y_3)$ 分别代表不同水文站的位置，其实测水位数据都是以吴淞基准面为参考。为了方便表达，只用 3 个水文站点来描述湖底地形提取的步骤，而在实际中则使用了鄱阳湖区的 8 个（或 7 个）水文站点数据。鄱阳湖湖底地形提取的主要步骤如下：

（1）获取鄱阳湖水陆边界线上的高程值。

①在 t_1 时刻，湖面基本水平，三个水文站实测水位之间的标准差值较小（<0.5 m）。整个鄱阳湖区及水边界线上的水位都可以近似用三个站点水位的平均值来代替，即为 $[h(t_1, x_1, y_1) + h(t_1, x_2, y_2) + h(t_1, x_3, y_3)]/3$。图 5-1 和图 5-2 中的 2000 年 7 月 14 号是此种情况的典型代表。

②在 t_2 时刻，湖面向 y（纬度）方向上倾斜。三个水文站 S_{1-3} 的水位数据（$h(t_2, x_1, y_1)$、$h(t_2, x_2, y_2)$、$h(t_2, x_3, y_3)$）与其所在位置的纬度值 y（y_1, y_2, y_3）具有显著相关关系（图 5-2）。因此，对于湖泊任意位置 (x, y) 的水位值 $h(t_2, x, y)$，可以表示为纬度 y 的方程，而通过纬向插值获取的 $h(t_2, x, y)$ 在水陆边界线上的值就是这些位置的湖底高程。对于另一个 t_3 时刻（或者是 MODIS 影像获取的任意时刻），$h(t_3, x, y)$ 可以使用同种方法进行估算。2000 年 12 月 26 日和 2000 年 3 月 14 日的 MODIS 影像（图 5-1 和图 5-2）就代表了这种情况。

（2）获取湖底水深线图。由于任意年份都选取了多景 MODIS 影像（表 3-1），将这些影像提取的水边界线都进行步骤（1）处理，然后把所获取的水边界线高程投影到参考基准面上，即获得了鄱阳湖湖底的水深线图。特别提出的是，水深线上的高程值已经利用水

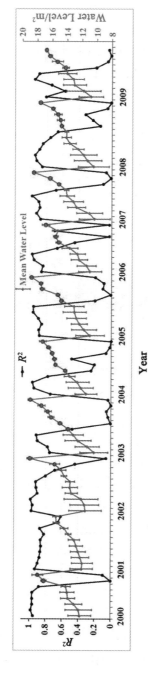

图5-3 对于表5-1中MODIS的水边界线获取时刻，鄱阳湖多个实测水文站点水位数据与站点纬度的相关关系（R^2，黑线）。灰线表示的是多个水文站点同水位的均值及标准差，R^2较大时，说明水位与纬度相关关系较好，可以用实测水位值在纬向插值获取整个湖区的水位；相反，R^2较小时，所有站点的水位几乎相等（标准差较小），多个站点水位的均值（圆圈标记）可以代表整个湖区的水位。

文站点实测水位数据进行了修正，因而此处水深线上的高程值并不是地理上的等深。另外，在一些水域面积变化相比较小的区域，两条水深线之间可能重叠，这种情况下选择水域面积较小的那条水高线。而这种情况发生的概率极小，因此对结果造成的误差可以忽略。

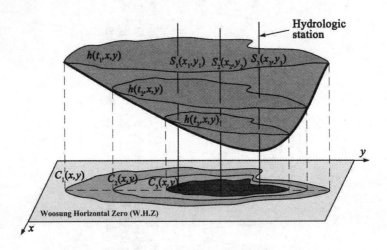

图 5-4　遥感提取高动态湖泊湖底地形的方法示意图 $h(t_{1-3}, x, y)$ 代表 MODIS 获取的湖泊水陆边界线，而实线 (S_{1-3}) 代表湖泊的实测水文站

（3）提取湖底地形。对投影到同一参考面的水深线作空间插值处理，生成一个平滑而连续的湖底地形图。然而，因为无法得到最小水域面积以下的水位数据，此方法不能获取被 $C_3(x, y)$ 淹没的湖底地形数据。然而，这些区域的湖底高程一定小于 $C_3(x, y)$。

本方法应用的前提条件是鄱阳湖湖底在 MODIS 的过境时刻中至少一次裸露于水面，而对于常年积水区本方法将失效。图 5-5 给出了遥感能获取鄱阳湖湖底地形的最大范围，常年积水且与主湖区全年不连通的子湖不属于本章的研究范围。另外，图中标记了（"1"和"2"）鄱阳湖的几个季节性不连通的子湖（即在枯时期被裸露的洲滩分隔开）：1 代表焦潭湖、西湖、朱湖等，2 代表青岚湖。这些湖区在一年中的某些时期与主湖区分开，而主湖区水文站的实

测数据不能控制不连通区域的水位，因此无法获取湖底地形。在此
种情况下，鄱阳湖湖底地形在这些区域被标记为"undetermined"
（未确定）。而这些未确定区域的面积仅占湖区总面积的 8%～18%
（如表 5-2 所示）。

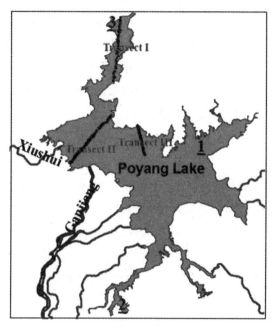

图 5-5 遥感获取鄱阳湖湖底地形的最大范围。三条横断面位置上有 1952
年长江水利水电委员会（http：//eng. cjw. gov. cn/）的部分实测湖底
高程数据

表 5-2 **鄱阳湖湖底地形"未确定"(undetermined)区域面积所占比例。当
用 2000—2009 年十年地形数据进行平均后，"未确定"区域的面
积只占湖泊总面积的 1.85%**

	Year										
	2000	2001	2002	2003	2004	2005	2006	2007	2008	2009	2000—2009
Percentage/%	17.94	16.99	14.16	9.77	12.71	10.53	8.48	9.45	10.83	9.02	1.85

5.3　鄱阳湖湖底地形时空变化

通过上述方法获取了 2000—2009 年间鄱阳湖湖底地形图(如图 5-6 所示,彩图见插页)。从图 5-6 中可以看出,湖泊湖底地形存在年际变化较为明显的区域。而 2000—2009 年的平均湖底地形(图 5-6"Mean")揭示了整个湖区地形的空间分布特征。平均湖底地形是 2000—2009 年这十年湖底地形的算术平均值(不包括"未确定"区域),通过均值计算,鄱阳湖整个湖底地形数据"未确定"区域所占面积占 1.85%(见表 5-2 和图 5-6)。

任意年份的湖底地形图及 2000—2009 年的平均数据都显示了鄱阳湖主要湖区地形在空间上的差异,而"未确定"区域(用蓝色图例)处于湖泊最小水体范围以内。不同湖区湖底高程之间的差异比较明显,而在整个湖泊呈南低北高的趋势。北湖入江水道的湖底地形变化平缓,其高程值相对较小(<12 m),而南部湖区的湖底高程由南及北呈快速递减的趋势。而五河入湖口的高程相对较高,特别是赣江口,其高程为全湖区最大。图 5-7 为湖底高程的直方图分布(步长为 1 m,不包括"未确定"区域)。鄱阳湖湖底高程分布在 7~19 m 之间(吴淞基准面以上),其中约有 80% 的区域分布在 12~17 m 之间,而地势较低的区域(7~12 m)仅约占湖区面积的 12%。

为了分析鄱阳湖湖底地形的年际变化,计算了 2000—2009 年间任意连续年份的湖底高程差,如图 5-8 所示。例如"2001—2000"表示用 2001 年的湖底地形减去对应 2000 年的地形数据。当高程差超过误差限(详见下文)时,表明湖底高程有抬升或下降。同时,计算了 2000 年与 2009 年的湖底高程差("2009—2000"),用以代表十年间湖底地形的总变化量。同样的,所有计算都不适用于"未确定"区域。表 5-3 统计了不同时间段湖底地形的上升或下降面积占整个湖区总面积的百分比。在 2000—2001、2002—2003、

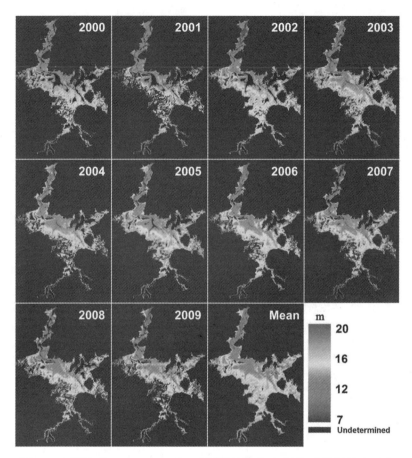

图 5-6 不同年份(2000—2009 年)鄱阳湖的湖底地形图(以吴淞基准面为
　　　参考平面),而"Mean"为 10 年的平均值,未确定区域
　　　("Undetermined")位于湖泊年最小水体范围以内

2003—2004 和 2008—2009 等几个时间段,鄱阳湖湖底高程的淤浅
面积超过加深面积的 2 倍以上。而 2002—2004 年,鄱阳湖部分区
域的湖底高程有显著淤浅,包括赣江和修水的入湖口、北部入江水
道和松门山岛以东的湖区。总体而言,在 2000—2009 年这十年时
间里,鄱阳湖湖底有 53.4% 的区域有所淤浅,而存在 23.1% 的区

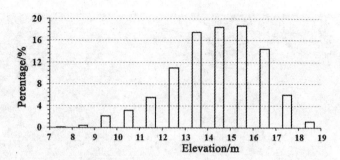

图 5-7　鄱阳湖湖底高程的直方图分布(步长为 1 m),
湖底高程主要分布在 12~17 m 之间(约占 80%)

域加深(见表 5-3)。

表 5-3　**2000—2009 年之间每一年度鄱阳湖湖底地形抬升与下降的面积占湖泊总面积的比例。其中 2002—2004 年期间,湖底高程有较为显著的淤浅。最后一列为 2000—2009 年的总体变化情况**

	Period									
	2001— 2000	2002— 2001	2003— 2002	2004— 2003	2005— 2004	2006— 2005	2007— 2006	2008— 2007	2009— 2008	2009— 2000
Increase/%	44.6	39.7	54.8	53.5	36.9	34.5	37.6	39.7	48.5	53.4
Decrease/%	22.3	28.2	19.6	19.4	32.5	31.7	34.0	31.4	20.3	23.1
Ratio *	2.0	1.4	2.8	2.8	1.1	1.1	1.1	1.3	2.4	2.3

注:*定义为 Increase/Decrease。

　　鄱阳湖湖底地形的年际变化趋势可以从图 5-6 和图 5-8(彩图见插页)上清晰地表现出来,而在每个位置(像素)上的变化幅度则可以通过 2000—2009 年数据之间的标准差来体现(如图 5-9 所示)。计算方法是:对于任意一个像素,若在十年的地形图中有大于 3 年的有效数据(不是"未确定"区域),则计算这些有效数据之间的标

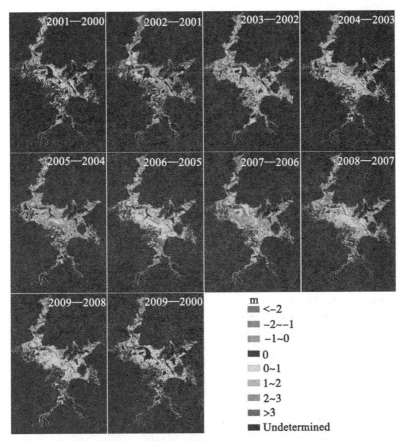

图 5-8　2000—2009 年间鄱阳湖湖底地形在任意连续两年的差异。其中
2002—2004 年的变化最为显著，而 2000 年与 2009 年的差异代表
了湖底地形在十年中的总变化量（"2009—2000"）

准差。很显然，鄱阳湖南部主湖区（除五河入湖口）的湖底地形相
对比较稳定。相比之下，北部入江水道的地形变化十分显著。变化
最为显著的区域属鞋山湖（在图 5-3 中用"3"标记），此区域湖底高
程的均值和方差如图 5-10 所示。在这十年间，鞋山湖的最大与最
小湖底高程之差大于 2 m。

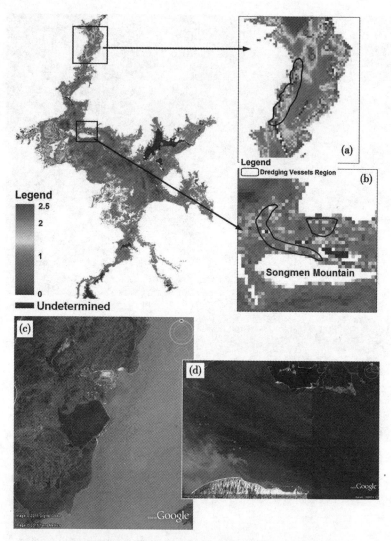

图 5-9　鄱阳湖湖底地形十年间变化状况（即湖底每个像素的标准差），
　　　　湖泊北部入江水道和五河入湖口的变化十分显著。放大的(a)
　　　　和(b)两个区域由于采砂活动使得地形变化较大，而从 Google
　　　　Earth（http：//www. google. com/earth/index. html）的高空间分
　　　　辨率影像上可以看出，这两个区域上都有许多采砂船((c)和
　　　　(d)分别对应(a)和(b))

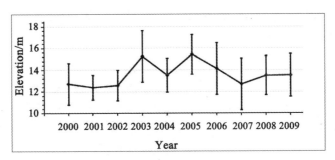

图 5-10 鞋山湖(鄱阳湖的一个子湖区)的年平均高程及标准差。鞋山湖的
水下地形在 2000—2009 年的变化最为显著，其中 2003 年和 2005
年要显著高于其他年份，最大最小年均值之间相差大于 2 m

为了分析鄱阳湖湖底地形的长时间(2000—2009 年)变化趋势，
图 5-11 估算了湖底高程的年平均值。从 2002 年到 2004 年，湖底高
程变浅了将近 0.7 m，而 2004—2008 年，湖底地形一直呈持续性冲
刷趋势。平均高程的趋势性分析显示，鄱阳湖湖底地形在 2000—
2009 年之间呈变浅趋势，平均每年淤浅量为 0.023 m($P>0.05$)。

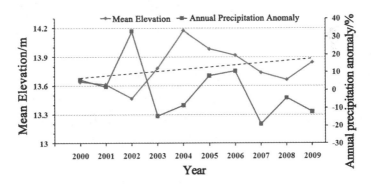

图 5-11 2000—2009 年鄱阳湖湖底高程年平均值，以及鄱阳湖年降水距平
(2000—2009 均值)百分比。总体上，鄱阳湖湖底地形呈抬升趋势
(统计上不显著)，湖盆最高的时间出现在 2004 年；2002 年湖泊降
雨量为最大值，且在十年内呈减小趋势

5.4　引起鄱阳湖湖底地形变化的驱动因子

　　鄱阳湖流域在历史上一直存在严重的水土流失问题。有资料称在唐代初期，鄱阳湖湖泊面积约为 6 000 km²，而后由于围垦及水土流失带来的泥沙淤积，致使湖泊面积缩小到小于 4 000 km²。目前造成鄱阳湖流域水土流失严重的主要原因如下 (师哲等, 2008)：(1) 受亚热带季风气候的影响，流域降水较多，集中在 4~6 月的降水多以暴雨形式为主，对地表侵蚀冲刷严重；(2) 山地或丘陵的面积占流域总面积的 89%，陡峭的地形特征使其受重力侵蚀较大；(3) 流域内的母岩主要是花岗岩、红砂岩等质地疏散的岩石类型，极易风化并流失；(4) 鄱阳湖区域内虽然森林覆盖率比较高，但是植被的结构单一、树龄偏小，因此植被防止水土流失的生态功能被极大弱化；(5) 人口的增长及人类的各种经济活动 (如森林砍伐、矿山开采等) 加剧了湖泊的水土流失。

　　五河携带大量的泥沙汇入鄱阳湖。而在夏季，湖流受到长江高水位顶托时，由于水流速度减慢，输沙量大大减小，使得大量泥沙沉积在湖底，致使湖底高程抬升。然而在 11 月到次年 3 月，鄱阳湖南北高差较大，重力流将湖底泥沙冲刷到长江，致使湖底高程下降 (张本, 1988)。总体而言，鄱阳湖泥沙的沉积量大于冲刷量 (马逸麟等, 2003；赵其国等, 2007；陈龙泉等, 2010)，这正是湖底地形在 2000 年到 2009 年呈总体抬升趋势 (图 5-11) 的主要原因。而作为连接鄱阳湖主湖区与长江的渠道，北部入江水道是江湖物质交换最为频繁的区域，因此其底部高程的变化也最为明显 (图 5-10)。类似的，五河入湖口处更是流域泥沙在湖泊的汇入点，此处湖底高程的变化也应十分剧烈 (图 5-10)。

　　鄱阳湖沉积和冲刷过程的异常变化将引起湖底地形的抬升淤浅或沉降变深。在 2002 年，鄱阳湖流域的降水量要显著大于其他年份，充足的降水会从流域内带来大量泥沙。与此同时，由于长江中游大部分区域出现强降水，长江水位高于往年，对鄱阳湖的湖流形成顶托。因此，与平常年份相比，2002 年的泥沙入湖量增大，而在当年 11 月到次年 3 月的冲刷量减小，从而导致湖底地形在 2003 年显著上升。另一方面，长江三峡工程（距湖口约 870km）在 2003 年开始截留蓄水，使得长江下游的水位（即鄱阳湖枯水期）显著下降。其直接的后果是湖流显著性增大，北部入江水道和五河入湖口的泥沙被大量冲刷，使得鄱阳湖的湖底高程进一步抬升。同样，鞋山湖湖底在 2003—2006 年的上升趋势（图 5-10）也是由于类似的原因造成。

鄱阳湖的采砂活动始于 20 世纪 90 年代初期，但从 1998 年长江中下游干流开始全面禁止采砂以后，大量的采砂船从长江涌入鄱阳湖（Wu et al.，2007）。到 2001 年，鄱阳湖采砂活动特别兴盛，一直延续至今。而北部入江水道是主要的采砂区，由于缺乏统一的采砂规划及管理制度，无规律过度开采的现象十分严重。2006 年，由众多国内专家组成的长江白鳍豚（江豚）考察队对沿湖口至星子县的湖区进行了统计，在这约 45 km 的区域内有大于 1 600 艘大型的采砂运砂船只（刘圣中，2007）。而本研究小组在鄱阳湖现场调查时也发现了类似现象，图 5-12 为当时在星子县附近拍摄的采砂船，据当地人称湖区大型采砂船的作业直径可达 100 m。因此，湖底高程在 2000—2009 年动态变化的部分原因是湖区大量的采砂活动。湖底高程年际变化较大的北部入江水道和松门山岛附近，采砂活动对湖盆的作用十分明显。在谷歌地球（Google Earth，http：//www.google.com/earth/index.html）的高分辨率影像上，可以清晰地发现有大量的采砂船在这两个区域内活动。

沿鄱阳湖的围堰堑湖也会从一定程度上改变湖底的地形特征。每年的枯水期，农民在裸露的洲滩湿地平原上建立起 1~5 m 高的堤坝，然后在下一年湖水上涨又再次退下时，这些圈占的湖泊水域里将会留住许多鱼虾。这种行为自从 2006 底以来还在周边乡镇不断出现，甚至有些地区建成了数十公里长的围堰，用以圈占上千亩的湖盆，因此会在一定程度上改变湖底地形的特征。然而，这些堤坝的具体位置以及修建的时间难以统计，无法定量分析其对湖底地形的影响。

图 5-12　鄱阳湖现场观测时拍摄的采砂船照片(星子县附近)

5.5　湖底地形的精度验证

许多学者对如何验证遥感获取的水下地形进行了一系列研究。例如，Aarninkhof et al.（2003）使用海滩上的视屏影像来确定潮间带的水陆边界线，并且使用流体动力学模型来确定水陆边界线的高程，然后用定点测量的水位来验证高程的准确性。独立的激光雷达（LiDAR）或声纳测量数据也可以作为真实值验证遥感提取的结果（Lee et al.，1999；Lee et al.，2001；Lyzenga et al.，2006；Sandidge et al.，1998）。由于鄱阳湖水体范围高时空动态、水体浑浊等特征，几乎没有湖底地形的实际测量数据，因此难以验证本研究基于遥感数据所提取的结果。然而，通过以下几个方面可以间接说明本方法提取结果的有效性。

（1）与1952年的实测数据进行比较。通过对所有可能的途径（图书馆、网络、参考文献等）进行查找，发现长江水利水电委员会在1952年获取了部分鄱阳湖湖底地形数据。虽然这些数据的测量方法无从得知，但可以用来从侧面验证水下地形的准确性。图5-13比较了20世纪50年代的实测湖底高程和本方法获取的湖底地形（2000年到2009年间的平均值）。很显然，两者之间具有相当好的一致性：在三个不同的横断面上（图5-13），湖底高程值主要分布在7.7~17.9 m之间，遥感提取的湖底高程与实测值之间的均方

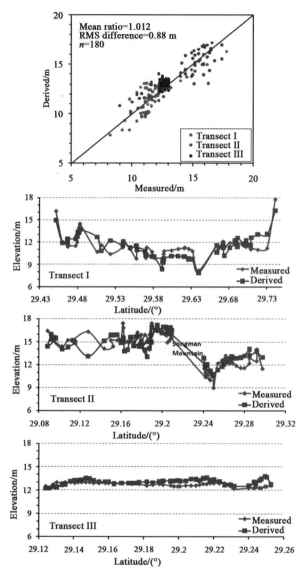

图 5-13　基于遥感提取的鄱阳湖湖底地形与 1952 年长江水利水电委员会实测
值的比较(三个横断面的位置见图 5-5)。值得指出的是，两组数据
获取的时间相差 50 年，期间的一系列自然过程(如水土流失)和人
为活动(如采砂活动)可能已经改变了鄱阳湖的湖底地形特征，因此
这两者之间的差异并不代表遥感提取结果的误差，只能比较不同数
据之间的空间一致性

根差异(RMS)为 0.88 m,两者的比值均值为 1.012($n=180$)。在横断面 I 和 II 上有些点存在较大的差异,而这些数据主要分布在北部入江水道和修水与赣江的入湖口。然而值得指出的是,两组不同数据的差异不能认为是其中任何一种数据的误差,因为从 20 世纪 50年代到 2000 年以来的这段时间内,泥沙淤积与侵蚀等自然过程和各种人为活动都可能导致湖底地形发生改变。

(2)与 SRTM 地形数据进行比较。首先将 SRTM 数据从 90 m 分辨率重采样到 250 m,然后比较其与遥感获取的 2000 年鄱阳湖湖底地形数据之间的差异。在进行对比之前,先掩膜在 SRTM 数据获取时("奋进号"飞行时)鄱阳湖的积水区域(如图 5-14(b)中的蓝色部分,彩图见插页)。对比图 5-14(a)和(b)可以看出,两组数据之间具有较好的空间一致性,鄱阳湖的地势由南向北逐渐降低。统计MODIS 提取结果与 SRTM 地形之间差异的直方图发现(如图 5-14(c)),两者之差主要分布在-5~5 m 之间,并呈以~0 为均值的近似正态分布。因此,本文利用遥感提取的湖底地形与 SRTM 有较好的吻合度。

(3)鄱阳湖多年湖底地形数据之间具有较好的一致性。任意年份的湖底地形图在空间分布上都与其他年份基本相同,特别是在主湖区的中心位置,十年数据的标准差比较小(图 5-9)。湖中心区域较为平缓,其底部受湖流的作用与其他位置相比较小,因此地形在这十年内的变化应该会很小,遥感获取的变化信息在此处应为方法本身的误差。因此,湖中心区域标准差的均值(0.49 m)可以被认为是 MODIS 提取湖底地形的误差限,任何小于此阈值的变化都可视作是数据获取的误差。

(4)湖底地形在某些区域的较大年际变化可以通过当地的采砂等人类活动来解释。这从另外一个角度也充分说明,基于遥感提取的水陆边界线与实测水位数据获取的鄱阳湖湖底地形,可以满足研究湖底地形时空动态的要求。虽然难以准确地估算湖泊每一个位置的误差,而由上文可知,湖底高程的误差小于 0.5 m。

考虑到鄱阳湖的各种复杂特征(面积大、水体范围高时空动态、地形复杂、湖底时令性裸露地表、水深较浅),本章的方法可

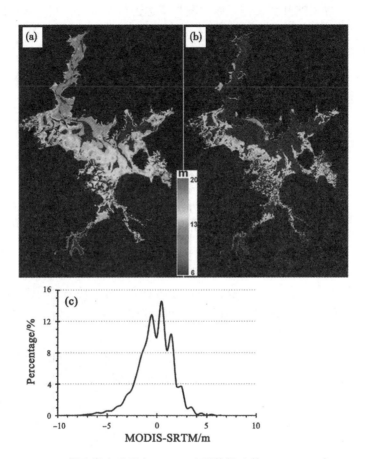

图 5-14 MODIS 提取湖底地形与 SRTM 地形数据比较。(a) 2000 年 MODIS
提取的湖底地形图，其中蓝色为未确定区域("Undetermined")(图
5-6)；(b) SRTM 在鄱阳湖的地形数据，其中蓝色区域为("奋进
号"飞行时) 鄱阳湖的积水区域；(c) MODIS 提取结果与 SRTM 之间
差异(MODIS-SRTM)的直方图分布

能是最经济、有效的湖底地形获取途径，其他方法都会受技术手段
或成本的限制。例如，船载声纳可以准确测量给定任意点的水深，
但是船只测完整个湖泊至少需要几个星期时间，而在这段时间中水
位会剧烈变化，致使获取的结果不一致。此外，水深较浅的区域测

量船只也无法开展工作。而用激光雷达进行测量时，其光束难以穿透浑浊的鄱阳湖水体，更不用提其昂贵的费用。总之，MODIS可以提供高时空覆盖的免费数据源，用其提取水陆边界线，结合水文站的实测水位数据，可以获取低成本、较高精度的鄱阳湖湖底地形。

5.6　本章结论与讨论

作为我国最大的淡水湖泊，鄱阳湖的水体范围呈现高时空动态，这给传统的湖底地形获取方法带来了极大困难。本章利用湖泊的高动态变化特征，结合MODIS提取的湖泊水体范围图谱及实测水文数据，提出了一种获取湖底地形的新方法，并研究了鄱阳湖湖底地形的年际变化特征。本章的主要结论有两个：

（1）结合实测水位数据与基于MODIS的湖泊水体范围图谱，获取了2000—2009年的鄱阳湖湖底地形图。利用历史实测数据和其他辅助数据对获取结果进行了验证，发现其误差限为0.49 m。十年湖底地形之间的一致性也进一步表明了获取结果的准确性。本方法是现有文献中第一次利用遥感数据和水体的高动态变化特征获取水下地形的研究。

（2）鄱阳湖湖底地形在2000—2009年间呈显著的年际变化，且在这十年内整体上有淤浅趋势（0.023 m/a，$P > 0.05$）。换而言之，鄱阳湖在近年来逐渐变浅。而湖底地形的异常变化主要受无序采砂等人为活动和降水等气象因素的影响。

本章所获取的湖底地形数据可以在航运中发挥重要作用。虽然湖泊的地形每年都存在一些变化，但是在绝大部分湖区是相对稳定的。因此，如果已知水位数据，水深就可以通过水位与湖底高程之差来确定。这种及时更新的信息对航线的设计具有重要意义，可以为航运节约时间和燃油成本，并降低搁浅的可能性。并且在实际应用中，如果每年都可以利用此方法获取一次湖底地形，后续的航线设计可以选择避开湖底高程年际变化较大的区域。

浅水区水量或水质参数的数值模拟都需要水下地形作为边界条

件，先前由于鄱阳湖缺乏精确的湖底高程数据而成为开展此类研究的障碍。另外，由于鄱阳湖湖底地形的显著性年际变化，使得在实际操作中难以准确估算湖泊的蓄水量。因此，本研究为湖底地形的及时更新提出的新方法，不仅能为更好地理解鄱阳湖的水文过程提供数据基础，也是湖泊水量研究的前提条件。然而，鄱阳湖最小水体范围以内（占总面积的 8%～18%）的水位数据无法获取，水面以下的信息因没有湖底地形数据而无法估算。但是，湖泊水量平衡研究将主要考虑随时间的相对变化过程，永久性淹水区则不在计算范围以内，因此未提取出的湖底地形不会对鄱阳湖的水量收支动态研究产生影响。目前，水资源问题是中国所面临的重大难题之一，准确估算湖泊的水量收支状况具有重要的现实意义，这也是下一章将探讨的主要内容。

第6章　遥感获取高动态通江湖泊水量收支状况

水量收支平衡过程是解析大型通江湖泊水循环过程、分析其调蓄洪水能力的基础。但大型通江湖泊由于其水文情势复杂、湖泊冲淤变化迅速的特点导致常规的断面测量方法难以准确监测湖泊的水量收支状况。本章以湖底地形数据为基础，结合气象、水文参数，在计算湖泊蓄水量动态变化过程的基础上，提出了一种估算高动态湖泊水量收支平衡的新方法，并获取了鄱阳湖 2000—2009 年间的水量收支动态数据。在揭示了鄱阳湖水量收支的季节性与年际动态变化规律的同时，还发现了三峡大坝在 2003 年 6 月份蓄水后短期内，鄱阳湖出湖水量出现的异常增加现象。

6.1　高动态湖泊水量平衡估算的难点与方法

大多数针对内陆湖泊水量收支平衡的研究都是基于蒸发、降水、地表径流、地下径流和湖泊水量等的估算(Neff et al.，2003；Redmond，2007；Shih，1980)。一般条件下，地表径流可以通过水文观测获取，而湖泊水量则可以通过实测水位模拟(Chebud et al.，2009；Kebede et al.，2006；Troin et al.，2010)。然而，准确估算高动态鄱阳湖水量收支状况面临两大挑战：(1)长江和鄱阳湖的频繁水量交换导致水体流向与流量均不明确，无法准确测量鄱阳湖的出湖水量；(2)复杂多变的湖底地形以及高动态的湖泊水体范围，无法用单一的水位数据估算鄱阳湖的蓄水量。

第 3 章的研究指出，鄱阳湖水面积的季节性与年际变化十分显著，任意年份的最大最小水面积比值大于 2.3。利用湖泊水体范围的变化特征，结合实测水位数据，可以获取鄱阳湖的湖底地形图（误差小于 0.5 m）（详见第 5 章）。因此，利用遥感获取的湖底地形与实测湖泊水位数据，任意一景 MODIS 数据获取时刻，鄱阳湖的蓄水量可以通过如下公式计算：

$$\text{Depth}(t, x, y) = H(t, x, y) - Z(x, y) \tag{6-1}$$

$$V = \iint \text{Depth}(x, y)\,\mathrm{d}x\mathrm{d}y \tag{6-2}$$

式中，$\text{Depth}(t, x, y)$ 为在 t 时刻、位置为 (x, y) 的水深；H 为水面高程；Z 为湖底高程。将水深在整个湖泊进行积分（公式 (6-2)），则获取了 t 时刻鄱阳湖的蓄水量。值得注意的是，最小水体范围以内的湖底地形数据是未知的，在本章中将此刻的鄱阳湖蓄水量视作为 0（而实际并非为 0）。

鄱阳湖在连续两景 MODIS 数据获取时间之间的蓄水量变化速率可以用以下公式估算：

$$\Delta V = \frac{V_{t_1} - V_{t_2}}{t_2 - t_1} \tag{6-3}$$

式中，V_{t_1} 和 V_{t_2} 为相应 t_1、t_2 时刻的蓄水量（用公式 (6-2) 计算）。因此，鄱阳湖的水量收支状况可以估算为：

$$\text{Outflow} = \Delta V + G_{\text{net}} + \text{Runoff} + P \cdot A - \text{ET} \cdot A \tag{6-4}$$

式中，Outflow 为鄱阳湖注入长江的出湖水量（支出）；Runoff 为流域内五河的实测总径流量（收入）；P 为湖面上的降水量（收入），可以通过 TRMM 降雨卫星数据获取；ET 为蒸发量（支出），可以利用气象参数估算得到（Allen et al.，1998）；A 为鄱阳湖的水体范围，通过 t_1、t_2 时刻 MODIS 提取的水面积在时间上进行插值获取；而 G_{net} 为地下水交换，由于万小庆等（2010 年）的研究显示，鄱阳湖湖区的地下水径流量只占总径流量的 1.3%，因此在本研究中将其忽略。

在实际计算过程中，由于在某些月份 MODIS 能获取多景无云影像（表 2-3），我们选择水面积为中值的那景代表当月的淹没状况来估算鄱阳湖的蓄水量（所选数据在图 6-1 中用黑圈标记）。在公式 (6-4) 中，右边所有项都可以通过本章或第 2 章所提到过的方法进行获取。然而，蒸发和湖面降水仅相当于五河径流量的约 2%，为了便于表达，公式(6-4)的最后三项(Runoff+$P \cdot A$−ET$\cdot A$)在下文中用 Inflow(入湖量)表示。

6.2　长时间序列鄱阳湖水量收支动态

图 6-1 所示为 2000—2009 年鄱阳湖蓄水量的长时序变化状况，其季节性与年际变化较为显著。在 2002、2003 和 2005 等年份，鄱阳湖蓄水量较大，说明了鄱阳湖流域在这些年份水量比较充沛；而 2001、2006 和 2009 等年份的低容积量说明了鄱阳湖在这几年遭受了不同程度的干旱。很显然，鄱阳湖蓄水量的长时间变化情势基本上与其水面积动态特征是相对应的，两者之间在统计上显著相关(R=0.91±0.034，P<0.05)。

图 6-2 给出了 2000—2009 年间鄱阳湖的月出湖流速(Outflow Rate)、入湖流速(Inflow Rate)、出湖流速的距平百分比(Anomaly)，以及湖泊蓄水量的变化(Change of Lake Volume)，各组数据的显著性季节差异都可以在图中反映出来。如图 6-2(b)&(c)，多年平均状况下(Climatology)，入/出湖量由春季到初夏逐渐递增，每年 4~6 月份处于较高水平，然后再逐月递减，相比较而言，鄱阳湖的蓄水量一般在 7~9 月最大(图 6-1)。从 1 月到 7 月，鄱阳湖的入湖量大于出湖量，湖泊蓄水量增加，而其他月份则相反。

从长时间序列上看，2003 年和 2007 年是比较异常的年份，图 6-2(b)&(c)分别放大了这两年的估算结果。在 2003 年 7 月到 8 月之间，鄱阳湖的出湖速率异常增大(7.6×10^8 m$^3 \cdot$ d^{-1})，从而导致鄱阳湖蓄水量的急速减小(6.31×10^8 m$^3 \cdot$ d^{-1})，减速为十年中的最大值。而在 2007 年 7 月到 8 月之间，情况正好相反，出湖量的距平百分比为 10 年最低(125.5%)。与负出湖距平相对应的是湖泊蓄水量的迅速增加，增速为 1.86×10^8 m$^3 \cdot$ d^{-1}。

从出湖量的距平百分比来看，以 2003 年 6 月为界，2000—2009 年的数据大致可以分为两个不同的阶段。大多数月份(>70%)

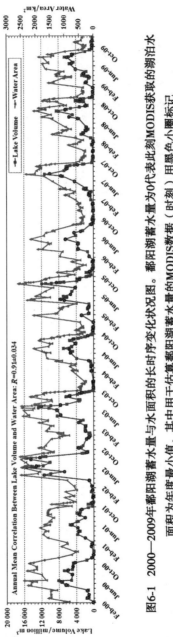

图6-1 2000—2009年鄱阳湖蓄水量与水面积的长时序变化状况图。鄱阳湖蓄水量为0代表此刻MODIS获取的湖泊水面积为年度最小值，其中用于估算鄱阳湖蓄水量的MODIS数据（时刻）用黑色小圈标记

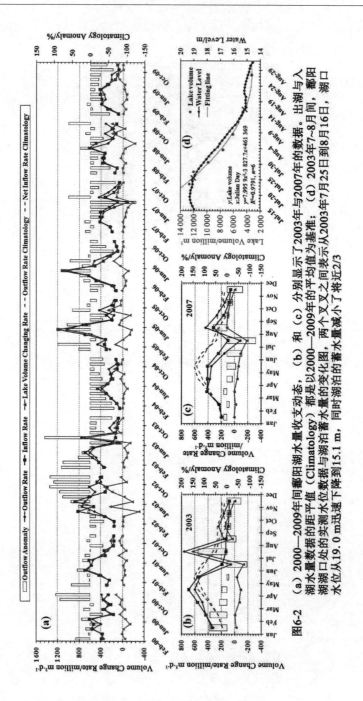

图6-2 (a) 2000—2009年水量收支动态, (b) 和 (c) 分别显示了2003年与2007年的数据。出湖与入湖水量数据的距平值 (Climatology) 都是以2000—2009年的平均值为基准; (d) 2003年7~8月间, 鄱阳湖湖口处的实测水位数据与湖泊蓄水量的变化图, 两个又又之间表示从2003年7月25日到8月16日, 鄱阳湖口水位从19.0 m迅速下降到15.1 m, 同时湖泊的蓄水量减小了将近2/3

在前一段时间出湖水量的距平值为正，特别是在 2002 年的所有月份都为正值。然而大多数月份(>70%)在后一段时间内，出湖水量距平值为负，因此导致出湖水量分段式分布的原因是一个值得考虑的问题。

鄱阳湖的年出/入湖量可以利用月数据的累积进行估算，如图 6-3 所示。在 2000—2009 年间，鄱阳湖的年均出湖水量为(1.20 ± 0.31)$\times 10^{11}$ m^3，最大最小值分别发生在 2002 年和 2004 年，两者相差 2.3 倍。十年的出湖水量有明显减小的趋势，减小速率为 5.7×10^9 m^3($p = 0.09$)。鄱阳湖水量的年收支状况基本持平，大多数年份出湖量与入湖量之间的相关关系非常显著($R^2 = 0.96$，$p < 0.05$)，且两者平均相差不到 5%。而在 2003 年，入湖量比出湖量小 16%，鄱阳湖水量收支在这一年呈现不平衡状态。

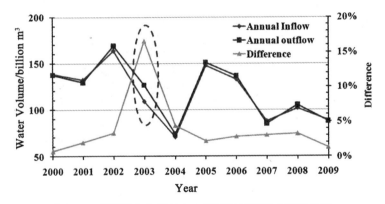

图 6-3   鄱阳湖年入湖量与出湖量以及两者之间的差异，
2003 年两者之间的差异大于 15%

6.3   鄱阳湖水量收支动态的影响因子分析

对月平均出(入)湖流速与流域降水(TRMM 数据)之间做相关性分析发现，鄱阳湖水源体的主要来源为流域降水，出/入湖流速与降水量之间的决定系数(R^2)分别为 0.79 和 0.75(如图 6-4 所示)。此外,4~6月份的强降雨也增大了湖泊对应时间的出入湖水量。而每年的7~9月份,由于长江高水位的顶托(Shankman et al.,2006),水流迅速减慢,甚至在江水倒灌时,出湖流速出现负值(例如2007年8月)。鄱阳湖年出湖流量与流域年降水量之间也存在较好的相关关系(R^2=0.466,如图6-5所示),表明在2000—2009年间,鄱阳湖出湖流量47%的年际变化是由于流域降水的动态特征而引起的。鄱阳湖的年出湖水量在2002年达到最大值,当年的流域降水量也相应最多,相反,2007年和2009年的出湖水量及其对应的降水量都较小。2007年,湖泊的低水位与长江的相对高水位产生了较为明显的倒灌流(图6-2)。综上所述,鄱阳湖的水量收支动态受到流域降水与长江水情的双重作用。

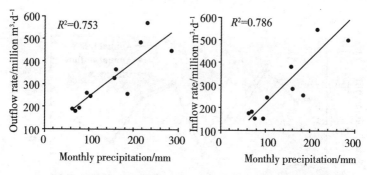

图6-4　2000—2009年鄱阳湖月平均入湖(右)/出湖
(左)水量与流域降雨之间的相关关系图

利用前面章节所获取的长时序水体范围图谱与湖底地形数据,可以监测鄱阳湖的蓄水量变化,进而获取湖泊的水量收支状况。然而,在研究出湖水量的季节性及年际变化时还需要注意的潜在问题是,本研究所获取的出湖水量是由入湖量和湖泊蓄水量变化计算得到的,因此出/入湖水量之间具有的较好一致性(图6-3)并不能证明方法的有效性,而仅能说明湖泊的出湖量变化主要受入湖水量的控制。在极端情况下,如果湖泊出湖水量100%来源于入湖水量,那么出/入湖水量应该相等(即水量平衡)。

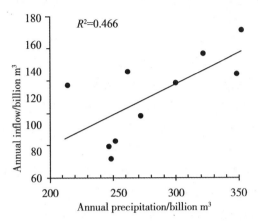

图 6-5　鄱阳湖年入湖量与流域降雨量之间的关系图

即使考虑到本方法的误差(见下文)，除了流域降水的影响外，还存在其他因素调节鄱阳湖的水量动态平衡。而三峡水利枢纽工程的建设显然给鄱阳湖水量平衡带来了重大影响。2003 年 6 月三峡大坝蓄水，致使长江中下游水位迅速下降，鄱阳湖-长江水位差剧增，从而引发了急速的出湖流(图 6-2(b))。湖口获取的水位数据显示，从 2003 年 7 月 25 日到 8 月 16 日，水位从 19.0 m 迅速下降到 15.1 m(图 6-2(d))。同时在这 20 天时间里，鄱阳湖的蓄水量也相应减少($\sim 7.86 \times 10^{10} \, m^3$)，约占三峡大坝当年蓄水量的 78.6% (http://news. xinhuanet. com/newscenter/2003-06/10/content 913019. htm)。此外,由于湖口距三峡大坝约 870 km，因此大坝截流(6 月)与湖泊的水量减少(7~8 月)之间存在着时间差。然而，三峡截流对鄱阳湖是否存在持续性影响还需要进一步研究。

6.4　精度分析

由于地下水交换与湖面蒸发与地表径流量相比而言可以忽略，因此水量动态收支估算方法的主要误差来源于蓄水量的计算。而鄱阳湖蓄水量是通过 MODIS 提取的湖泊水体范围(详见第 3 章)与湖底地形(详见第 5 章)计算出来的(公式(6-2)),因此误差可能会从这两种数据中引入。

用高空间分辨率(30 m)的 HJ－CCD 数据进行验证发现,MODIS 与 CCD 传感器获取的鄱阳湖水体范围吻合度十分一致,且两者获取的水面积差异小于 5%(详见第 3 章)。此外,MODIS 的几何定位精度为 150 m(Wolfe, et al. , 2002),即使在湖泊边界所有像素都出现偏移的情况下(一般而言不会发生),水面积误差的也仅有 1%~2%。因此,利用 MODIS 数据获取的湖泊水体范围的误差,在探讨长时间序列的水量动态平衡的研究中可以忽略不计。

另一方面,对湖底地形进行敏感性分析,用以研究其对蓄水量及水量收支的误差传递。第 5 章指出鄱阳湖湖底地形的误差小于 0. 5 m,因此将-0. 5~0. 5 之间的随机数作为系统噪声加入到湖底地形的每个像素上,并比较加入噪声数据与原始地形所估算的鄱阳湖蓄水量以及出湖流速。结果显示,两组数据之间的平均比值为 0. 97±0. 15(蓄水量)和 0. 99±0. 04(出湖流速),这说明湖底地形的不确定性即便会给湖泊蓄水量的估算带来一定的误差(~3%),但其基本上不对水量收支计算产生影响(~1%)。

然而,验证出湖水量最理想的方法是直接比较与实测水文数据之间的差异。遗憾的是,由于湖口复杂的水文条件,水文观测值的准确性还有待进一步考证,这也是本研究开展的意义所在。然而,多方面的一致性检验可以从侧面体现出本章所提出方法的可行性:(1)正常年份出／入湖水量之比接近于 1:1,鄱阳湖的水量收支基本平衡;(2)水量收支的异常状态(受人为活动或自然因素影响),都在长时序的结果中表现出来。特别是 2003 年 6 月的三峡截流,使得长江水位迅速下降,直接导致了鄱阳湖近年来的最大出湖流速(图 6-2(b))。另一方面,在 2002 年 4 月份,鄱阳湖流域的强降水(TRMM 数据比多年平均值高出 69%)使得入湖流量显著增加。而出／入湖水量在当时的不平衡状态(入湖>出湖)导致了湖泊蓄水量的急速上涨,致使鄱阳湖蓄水量增大到平均状态下的 3. 72 倍。以上依据都可以证明本研究所获取的鄱阳湖蓄水量与水量收支结果的有效性。然而,我们仍然希望在将来能用其他独立的观测数据(例如重力卫星观测或其他方法)来验证 MODIS 的估算结果。

6.5　本章结论与讨论

本章结合实测气象、水文等数据,以水面积图谱与湖底地形数据为基础,估算了鄱阳湖 2000—2009 年的水量收支动态,弥补了鄱阳湖长时间序列水量收支数据的空白。结果显示,鄱阳湖的水量收支状况呈显著的季节性与年际变化,并主要受到流域降水与长江水情变化的影响。湖泊的年平均出湖水量为 $(1.20 \pm 0.31) \times 10^{11}$ m^3,并以平均每年 5.7×10^9 m^3 的速率减小。其中 2003 年 6 月的三峡大坝截流蓄水导致了出湖水量的急速增加 $(7.6 \times 10^8$ m$^3 \cdot$ d$^{-1})$,直接致使湖泊蓄水量在较短的时间内减小约 7.86×10^{10} m^3。然而,三峡工程建设对鄱阳湖是否具有持续性影响,而出湖水量距平的分段式分布(以 2003 年 6 月为界)是否与三峡蓄水直接相关? 这些问题都将在下一章深入探讨。

第7章 三峡工程对鄱阳湖水面积影响的初步分析

重大水利工程会直接改变江河的水文情势，但由于水文过程受降水等因素的影响存在自然波动过程，因而难以有效剥离出水利工程对湖泊水文情势的影响强度。本章结合遥感、气象和水文观测等数据，初步分析了鄱阳湖水体面积范围与水量的多年变化过程。结果显示，自2003年三峡大坝蓄水以来，鄱阳湖的水面积呈持续减小的趋势，且每年的枯水期起始时间显著提前。此外，湖泊流域的地表径流系数与相对湿度显著减小。通过分析鄱阳湖水量收支结构的变化过程，说明了湖泊水文情势变化与三峡工程建设的关系。

7.1 三峡工程及其影响简介

三峡工程为长江三峡水利枢纽工程的简称，是具有防洪、发电、航运和供水等综合功能的大型水利枢纽工程。三峡大坝总长3 035 m，坝高185 m，是目前世界上规模最大的水电站。坝体位于湖北省宜昌县三斗坪镇（具体位置如图7-1所示），距离下游的葛洲坝水利水电站约为38 km。从1994年的正式开工到2009年大坝全面建成，长江三峡工程的总投资约为1 800亿元人民币（源自：百度百科）。三峡工程蓄水的主要时间节点为：2003年6月1日，大坝开始下闸蓄水；6月10日蓄水至135 m，具备发电条件；2006年10月蓄水至156 m，进入初期运行期；到2009年成功蓄水至175m，三峡工程将进入正常运行期。

已初步确定的三峡水库调度运行方式为：每年5月末至6月初为腾空防洪库容，水库水位降至防洪限制水位145 m，三峡水库的

图 7-1 三峡工程的地理位置

入/出流量基本相等；汛期 6~9 月不需要防洪蓄水时，水库一般维持 145 m 低水位运行，水库下泄流量等于入库流量。而当入库流量较大，水库水位超过 145 m 时，大坝开始进入防洪蓄水，水库水位抬高，洪峰过后，水位仍降至 145 m；水库每年从 10 月份开始蓄水，下泄流量减少，水位逐步升高至 175 m，少数年份，这一蓄水过程可能提前或延续到 11 月份；12 月至次年 4 月，水库将按电网需求放水发电，当入库流量小于发电对流量的要求时，动用调节库容，出库流量大于入库流量，水库水位逐渐下降，但 4 月末以前水位不得低于 155 m，以保证上游航道必要的水深(吴龙华，2007)。

　　三峡工程对生态环境的影响，从 1992 年全国人大代表大会通过其工程建设开始至今，一直都备受争议。近年来，国内外众多学者从各种角度分析了三峡蓄水给库区、长江中下游以及我国东海等区域生态环境带来的影响。例如 Yin et al. (2007)、Xu et al. (2009)、Yang et al. (2006)等的研究表明，三峡工程对长江水文过程的影响主要有两方面：改变长江中下游径流量的季节性分布以及直接减小长江的下泄输沙量。Wang et al. (2010)、Shen et al. (2004)等认为，由于水库蓄水出现的季节性或永久性淹没岛屿，会给库区动物的行为、数目以及多样性带来影响。Xie(2001)、Xie et al.（2007）则认为三峡截流给多种鱼类（或蟹类）的繁殖带来了致命的打击。也有学者发现（Gong et al.，2006；线薇薇等，2004；曹勇等，2006），长江口的淡水资源、叶绿素/初级生产力、渔业资源、生物群落等都随着三峡的蓄水产生了不同程度的变化。

鄱阳湖位于三峡大坝下游约 870 km（如图 7-1 所示），2003 年的截流及三峡水库的季节性水资源调度必然会给湖泊带来一系列影响。针对三峡水利工程对鄱阳湖水环境的影响，也有部分学者做了相关探索。朱宏富等（1995）分析了三峡工程运行对鄱阳湖的农牧渔业带来的影响，并给出了相应对策。刘晓东等（1999）着重探讨了 5~6 月三峡泄洪对鄱阳湖汛期水位的影响。吴龙华（2007）通过分析三峡工程的调度运行方式，尝试探讨了三峡大坝对鄱阳湖多种生态环境因子带来的不利影响。姜加虎等（1997）通过预测模型得出，三峡水库通过改变湖口站的长江水情，将给鄱阳湖的各种湿地环境带来不同程度的危害。最近 Guo et al.（2012）、Liu et al.（2013）的研究发现，由于三峡建设使得鄱阳湖与长江的相互关系（江湖关系）发生了改变，进而影响了江-湖之间水文过程与水资源交换。

然而目前的研究都仅局限于定性地分析三峡建设可能会带来的影响（朱宏富等，1995；吴龙华，2007；姜加虎等，1997），或者仅是探讨实测（或预测）江湖水位的变化（刘晓东等，1999；Guo et al.，2012；Liu et al.，2013）。到目前为止，还没有相关报道对于鄱阳湖最重要的水环境因子（水面积、水量等）的变化进行定量分析。

近年来，鄱阳湖旱涝灾害频发，因此人们很容易将这些灾害跟三峡的建设联系起来。例如，2011 年春季重大旱灾发生时，国内外重要媒体（新华网、纽约时报等）都报道了鄱阳湖的面积萎缩，而舆论的导向更是让人们相信三峡工程是导致春旱的直接原因。然而，社会上充斥的各种言论基本上都是基于毫无根据的推测，到目前为止还没有人或机构能提供科学的数据来证明三峡工程对鄱阳湖的影响。而通过上一章的研究发现，在 2003 年 6 月份的三峡大坝截流对鄱阳湖的水量动态产生了瞬时影响（出湖量的显著增加）。本章将在此基础上，进一步探讨三峡工程的运行调度是否会对鄱阳湖产生持续性的影响。

此外，作为我国的第二大淡水湖泊——洞庭湖（28°30′~30°20′N，110°40′~113°10′E）与鄱阳湖有着相似的地理与水文条件。一方面，两个湖泊流域降雨量的季节性分布基本一致（如图 7-2 所示）。另一方面，洞庭湖承四水（湘、资、沅、澧）来水，经湖泊调蓄，由北注入长江；而鄱阳湖也是汇五河来水，从南至北由湖口流入长江。因此，如果三峡工程对鄱阳湖的生态环境产生了影响，其对洞庭湖的影响在一定程度上应当是相似的。因此，本章将对洞庭湖的数据进行类比分析，可以从侧面验证鄱阳湖分析结果的准确性。

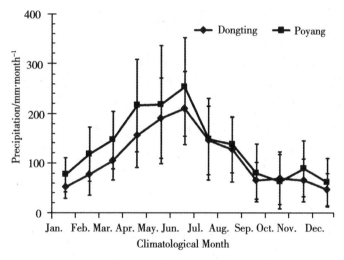

图 7-2 鄱阳湖与洞庭湖月平均降雨量的比较

7.2 鄱阳湖水面积的变化趋势

7.2.1 年际变化趋势计算方法

本章所有的数据分析都以水文年为基础。湖泊流域的丰枯水期一般是从每年的 4 月份开始交替(张本,1988),因此将 4 月 1 日到次年 3 月 31 日视为一个水文年。年平均水面积是在月平均数据的基础上计算的,而年际的变化速率(即复合平均增长率,Compound Annual Growth Rate)的计算公式为:

$$R = (S(y_2)/S(y_1))^{1/(y_2-y_1)} - 1 \qquad (7-1)$$

式中,$S(y_1)$ 和 $S(y_2)$ 为起始年份(y_1)与结束年份(y_2)的平均水面积。在实际的计算过程中,先将 2000—2009 年十年的平均水面积做线性回归,利用拟合公式计算 $S(2000)$ 和 $S(2009)$,最后利用公式(7-1)估算年平均变化率。

7.2.2 鄱阳湖水面积减小趋势

与第 3 章基于日历年的分析结果类似,鄱阳湖水面积在水文年上也呈现显著性的季节性及年际变化。然而,从水文年的分析结果可以更明显地发现,2003 年三峡大坝截流以后,鄱阳湖的水面积呈显著性减小的趋势(图 7-3(a)所示)。湖泊的年平均水面积从截流之前(2000—2002 年)的 1 939.9±265.9 km^2 减小到截流以后(2004—2009 年)的 1 554.2±91.5 km^2,面积减小了约 20%。10 年中,最大水面积出现在 2002 年(2 191.7 km^2),而出现在 2006 年的最小值仅为 2002 年的 66.0%。2000—2009 年,鄱阳湖水面积的减小速度为 3.3%/a($P<0.05$)。

鄱阳湖的水面积减小趋势也体现在了枯水期的显著性提前上(图 7-3(c))。本文中枯水期的起始时间(儒略日,Julian day)的计算方法为:先估算湖泊枯水季节(10 月到次年 3 月)多年的水面积平均值,枯水期的起始时间为水面积开始小于此平均值的时间。鄱阳湖的枯水季起始时间呈显著的提前趋势(6.8 d·a^{-1})。在 2000—2002 年间,鄱阳湖的枯水季开始时间为第 350±22.6 天,到 2004—2009 年提前到第 296.4±24.3 天,平均提前约 53.6 天,并且独立样本 T 检验的结果发现,两组数据的平均值存在显著性差异。这些结果与许多媒体的报道都具有较好的一致性(http://news.xinhuanet.com/politics/2009-10/14/content_12228919. htm)。而在 2008 年,枯水期提前趋势的缓解也是受到三峡大坝的运行调

116

度影响（http：//hb. xinhuanet. com/zhuanti/2008-11/08/content _ 14941455. htm）。2008 年 11 月份，三峡水库增大了下泄水量，使得长江下游水量增多，从而对应可以减小鄱阳湖的出湖水量。

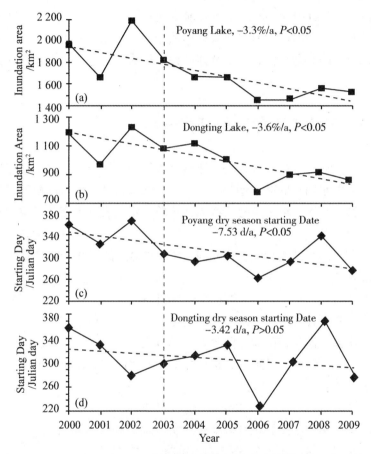

图 7-3　（a）、（b）2000—2009 年间鄱阳湖与洞庭湖年平均（水文年）水面
　　　　积及其变化趋势；（c）、（d）2000—2009 年鄱阳湖与洞庭湖的每
　　　　年枯水期起始时间的变化趋势

　　同时，通过对洞庭湖区域 2000—2009 年（水文年）间 510 景无云 MODIS 数据进行水面积提取与统计分析发现，洞庭湖的水面积

在 2003 年三峡截流以后也呈显著性减小的趋势(图 7-3(b))。与鄱阳湖类似,年最大平均水面积出现在 2002 年(1 226.3 km²),最小值出现的年份也为 2006 年(相比 2002 年减小 36.5%)。湖面面积从截流前(2000—2002 年)的 1 131.4±138.7 km² 萎缩到 2004—2009年的 936.3±119.4 km²,年平均减小速率为 3.6%。然而,洞庭湖的枯水期起始时间没有呈显著性提前趋势,可能是由于其与三峡大坝的较短距离导致的,但是具体的原因仍需要更多的水文及气象数据作进一步分析。

7.3　三峡工程影响的初步分析

除三峡工程的建设以外,流域降水等气象因子的变化也可能导致鄱阳湖水面积的减小趋势。为了区分这些自然因素与三峡工程建设的影响,本节将重点分析鄱阳湖流域的水量收支平衡及气象因子的长时序变化。

鄱阳湖流域的径流量(Runoff)可以共通过如下几个收支量进行估算:

$$\text{Runoff} = P - \text{ET} - G \tag{7-2}$$

其中,P 为流域降水;ET 为蒸散量;而 G 为地下水交换。G 为正,则说明鄱阳湖流域的部分降水被土壤保留(未产流)。一般情况下,G 的数据难以获取得到,且相对较小,因此流域的径流量可以近似地表达为:

$$\text{Runoff}_{\text{predicted}} = P - \text{ET} \tag{7-3}$$

如图 7-4 比较了鄱阳湖流域的实测地表径流 $\text{Runoff}_{\text{measured}}$(即五河的总径流量,代表公式(7-2)中的 Runoff)与公式(7-3)的估算值 $\text{Runoff}_{\text{predicted}}$。2000—2003 年间,实测地表径流与估算值之间的差异小于 15%,而在 2004—2005 年间,估算值比实测值大 30% 以上,说明鄱阳湖流域的水量平衡状态发生了改变。此外,年径流系数(计算公式为:径流系数=实测径流量/降水量)的变化也进一步说明了湖泊流域水文条件的改变。径流系数从 2000—2002 年的 0.51±0.03 减小到 2004—2005 年的 0.38±0.04,这表明在这两年间相同的降水量形成地表径流的能力明显减小。

由公式(7-2)和(7-3)可以推断，实测地表径流($Runoff_{measured}$)与估算值($Runoff_{predicted}$)在2004—2005年的巨大差异(如图7-4所示)是由于公式(7-3)中未考虑地下水交换(G)而导致的。然而，2003年6月，三峡大坝正式开始截流蓄水(当时的蓄水量达~$1 \times 10^{10} m^3$)，使得长江下游水位急剧下降。与此同时，整个鄱阳湖流域的下泄量将迅速增大，用以补给长江由于大坝蓄水引起的水量损耗(详见上一章)。因此可以推断，导致2004—2005年两组地表径流数据之间的异常差异的主要原因是，原本应产流的部分降水量补偿给了鄱阳湖流域的地下径流，而这部分地下径流量被用于了2003年长江中下游径流减少量的补给。虽然在2006年以后，鄱阳湖的水文状况重新恢复到平衡状态，但2006—2008年的平均径流系数仍然明显小于2000—2002年的平均水平，这有可能是三峡工程对鄱阳湖流域的持续性影响。

所有的证据都表明，三峡大坝截流以后，鄱阳湖的水面积及水文状况都发生了重大变化。然而，其他因素(例如降水、长江径流量)的改变也可能引起湖泊的类似变化。为了排除这些因素的干扰，图7-5给出了2000—2009年鄱阳湖流域的降水量(TRMM数据)与长江径流数据，而这两者也是鄱阳湖影响水量收支的主要原因。如图7-5(a)所示，除2002年的峰值数据以外，鄱阳湖流域的年降水量在这十年间基本上保持稳定，在2003年以后没有出现明显的趋势性变化。同样的，长江宜昌站(三峡下游第一个水文站)的年径流量在2003年以后也没有发生本质上变化，而其2006年的减小主要是由于长江流域的重大干旱导致的(Dai et al., 2006)。因而，鄱阳湖水面积的减小趋势不是由于降水或长江径流量的年际变化而引起的。值得注意的是，这里关于长江径流数据的分析是以年为尺度，而Yang et al.(2006)的研究发现，三峡工程建设主要是改变了长江径流的年内分配。因此，鄱阳湖径流系数在2006—2008年的相对减小，以及枯水期起始时间的显著性提前，与2003年三峡工程运行以来的季节性蓄水之间的关系，还需要获取长江径流逐月数据做进一步的分析。

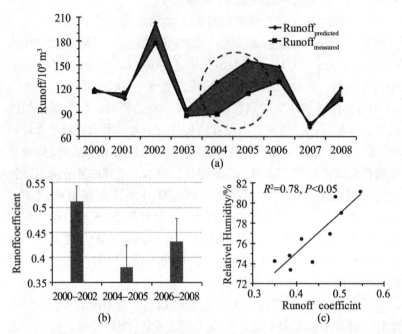

图 7-4　（a）2000—2009 年鄱阳湖流域的实测地表径流（五河总径流，Runoff_measured）与估算值（Runoff_predicted）的比较。两者之间的差异表示鄱阳湖的地表/下水的交换状况；（b）鄱阳湖的地表径流系数在 2003 年三峡截流后显著性减小，2004—2005 年间达到最小值；（c）鄱阳湖流域地表径流系数与流域平均空气相对湿度的相关关系

　　为了研究三峡工程对鄱阳湖流域气候的可能性影响，分析了 1988—2009 年的多个气象因子的变化状况。如图 7-6 所示，鄱阳湖流域的气温从 1993 年以后有逐渐上升的趋势，而年累积日照时间维持着基本稳定的状态。从 2000 年以后，风速也没有发生显著性变化。在 1988—2002 年间，大气相对湿度呈 3～4 年的周期性变化，而在 2003 年三峡截流以后突然减小（见虚线框标示）。较小的大气湿度意味着干燥的大气状况，这说明土壤相对湿度变小进而可以保持更多的水分，从而可以引起径流系数的显著性减小。相关性分析显示，2000—2009 年的大气相对湿度与径流系数存在显著的

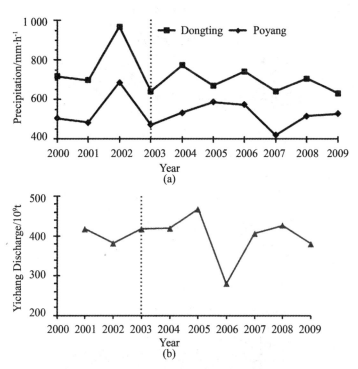

图 7-5 (a)2000—2009 年鄱阳湖与洞庭湖流域总降雨量;(b)2001—2009 年长江宜昌站(三峡下游第一个水文站)的实测年径流量变化状况

相关关系($R^2 = 0.78$,$P < 0.05$),这说明两者可能都受到了三峡工程的影响。

同样的,对洞庭湖流域的各种气象因子在过去 20 多年的变化状况进行了分析(图 7-6)。1988—2009 年,洞庭湖与鄱阳湖的各种气象参数的变化状况基本一致(除鄱阳湖风速在 1995 年前异常外)。特别指出的是,与鄱阳湖一样,洞庭湖流域的大气相对湿度也在三峡截流(2003 年)以后显著减小。三峡水利枢纽工程建设对洞庭湖的影响也从侧面进一步说明了鄱阳湖分析结果的准确性。此外,虽然没有洞庭湖流域的实测水文数据进行机制分析,但考虑到两个湖泊类似的地理与水文条件,其影响方式在一定程度上应当是相同的。

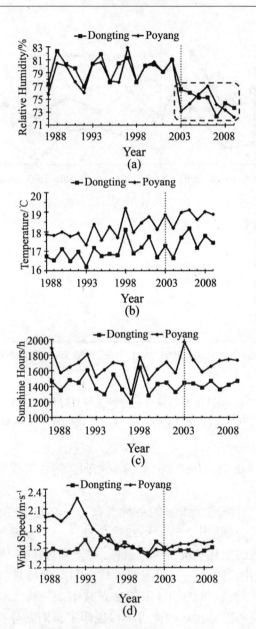

图 7-6　1988—2009 年鄱阳湖与洞庭湖流域的气象因子变化状况，其中
　　　　包括相对湿度、气温累积日照时间与风速。两个湖泊流域的大
　　　　气相对湿度都在 2003 年三峡截流以后显著下降

7.4　本章结论与讨论

　　本章对长时序的水面积数据进行分析得出,鄱阳湖水面积在2003年三峡大坝截流以后呈现显著的减小趋势。除湖泊水面积的缩小外,流域大气相对湿度与地表径流系数都有所减小,湖泊的枯水期起始时间也有所提前。此外,洞庭湖的水面积与流域大气相对湿度呈现出与鄱阳湖类似的变化趋势。而通过对流域的气象/水文数据(降水、径流系数)以及湖泊的水量收支平衡研究发现,湖泊的面积变化很有可能是由三峡工程的建设而导致的。然而若开展三峡水库蓄水给鄱阳湖影响的机制研究,还需要对鄱阳湖流域及长江流域更多水文情势做更深入的分析。

　　气候变化与人类活动已经致使地球上的许多湖泊环境发生了本质上的变化(Smith et al., 2005; Ma et al., 2010),鄱阳湖与洞庭湖的水面积呈现出显著的减小趋势,这可能是由于三峡工程建设而引起的。然而,中国的气温在过去几十年中有明显的上升趋势(Zhou et al., 2006),而高温带来的强蒸发会使土壤湿度进一步减小,从而可以使大气保存更多的水分,其流域地表径流系数也随之减小。因此,如果气温依旧逐步上升,湖泊水面积、流域的大气相对湿度以及地表径流系数等的变化趋势可能将进一步加剧。

第8章 结论与展望

8.1 论文总结

　　遥感的长时序、大范围同步观测以及时效性等特点，为通江湖泊水环境研究提供了一种有效的技术手段。本文以鄱阳湖为例，利用高时空分辨率的 MODIS 数据，系统地分析了 2000—2010 年间湖泊水面积、湖底地形、水量收支平衡以及悬浮泥沙分布等参数的短期特征及长期变化趋势。并结合实测气象、水文数据等辅助数据，研究了气候变化与人类活动对鄱阳湖水沙的一系列影响。本论文的主要研究成果如下。

　　(1)鄱阳湖水体范围的时空动态及其形成机制。针对鄱阳湖水体范围的高动态变化特征，采用高时空分辨率的 MODIS 遥感数据。提出了一种客观的湖泊水面积提取方法，获取了鄱阳湖长时间序列的(2000—2010 年)水体范围图谱，并用不同方法对提取结果进行了验证。统计性地分析了湖泊水体范围的长短期变化特征及其发展趋势。并结合气象水文数据重点探讨了湖泊水面积时空差异性的形成机制。本研究获取的结果弥补了鄱阳湖长时间序列水体范围数据的空白，也为开展其他相关研究提供了基础条件。同时，本研究为基于遥感技术对其他类似高动态湖泊水面积的分析提供了重要的参考。

　　(2)鄱阳湖悬浮泥沙时空格局及其驱动因子。针对鄱阳湖的MODIS 遥感影像，提出一种基于考虑陆地邻近效应的大气校正算法。探讨经过大气校正的地表反射率与实测悬浮泥沙之间的关系，

124

提出一种适用于鄱阳湖的区域性悬浮泥沙遥感反演算法，并从不同角度分析了该算法的适应性与误差。对长时序鄱阳湖的悬浮泥沙分布进行统计分析，获取湖泊悬浮泥沙浓度的季节性与年际变化规律。通过对比南北湖区的差异，探讨了鄱阳湖采砂活动对水质的影响，并深入分析了鄱阳湖采砂船数目与悬浮泥沙浓度之间的相关关系，以及政府相关政策执行导致的湖泊水质年际变化。本研究提出的一系列方法为利用遥感监测人类活动引起的水质变化提供了参考。

（3）遥感提取鄱阳湖湖底地形及其变化特征。针对鄱阳湖水体范围的季节性变化规律，从 MODIS 提取的湖泊水体范围图谱中挑选出渐进性的水陆边界线。在此基础上结合实测水位数据获取了鄱阳湖 2000—2009 年的湖底地形数据，并从不同角度分析了地形数据的精度。通过将多年湖底地形数据进行比较分析，得出鄱阳湖湖底地形的年际变化规律，并简要分析了驱动地形变化的影响因子。提取的湖底地形数据能为鄱阳湖的数值模拟、水量平衡等研究提供数据基础。本方法也为其他高动态水体的水下地形提取提供了重要的思路。

（4）鄱阳湖水量收支动态。结合遥感提取的湖底地形数据以及实测水位估算了鄱阳湖的蓄水量。并以此为基础，结合气象以及流域径流量等数据，提出了一种估算高动态湖泊水量收支平衡的新方法，同时评估了地形数据的误差给水量收支估算带来的影响。获取了鄱阳湖 2000—2009 年的水量收支数据，填补了湖泊此类数据的历史性空白。在对鄱阳湖水量动态进行季节性与年际变化分析时，发现了 2003 年 6 月份的三峡大坝截流蓄水对鄱阳湖水文条件的瞬时性影响。

（5）初步探讨了三峡工程对鄱阳湖水面积及水量的影响。统计分析了鄱阳湖水面积的年际变化趋势，枯水期起始时间的年际差异以及流域内各种气象要素的多年变化状况。通过对径流量模拟及实测值之间的比较，揭示了三峡工程对鄱阳湖的可能性影响。

8.2 论文创新点与特色

本文通过长时间序列的 MODIS 遥感影像，结合各种辅助数据，对鄱阳湖的水沙时空动态进行了系统研究，论文存在的创新点与特色主要体现在以下几个方面。

(1) 形成了一套高动态通江湖泊水沙时空动态遥感分析方法体系。作为我国的第一大通江湖泊(也是第一大淡水湖泊)，鄱阳湖水沙具有显著的高时空动态。本研究以 2000—2010 年的 MODIS 遥感影像(共 620 景)为基础，研究了包括湖面范围、悬浮泥沙浓度、湖底地形、水量收支动态等要素遥感获取方法，并通过分析各要素时空格局的动态特征，探讨了自然和人为因素的影响，形成了一套高动态通江湖泊水沙时空动态遥感分析方法体系。

(2) 考虑邻近效应的高动态内陆湖泊水体悬浮泥沙遥感定量反演方法与人为活动影响的湖泊悬浮泥沙时空分布研究。遥感定量反演水质参数以及揭示自然因素与人为活动的水环境影响，是高动态内陆湖泊研究的热点和难点问题。本文提出了考虑邻近效应的内陆湖泊水体悬浮泥沙遥感定量反演方法，获取了鄱阳湖悬浮泥沙长时序变化，探讨了气象因子及人为活动对湖泊水体表层悬浮泥沙浓度的影响。结果显示，鄱阳湖的人为采砂活动是湖泊悬沙浓度时空变化的主导因子。

(3) 水文观测与光学遥感相结合的高动态湖泊湖底地形提取方法。受自然条件及技术手段的制约，难以用水文或遥感方法获取大型高浑浊浅水湖泊的湖底地形。本文利用鄱阳湖水体范围所具有的高动态变化特征，通过基于高时间分辨率 MODIS 影像序列的水体范围图谱，获取不同水位情况下湖泊水陆边界，经过实测水位校准空间水位差异后，获取了较高精度的鄱阳湖湖底地形数据。此方法弥补了目前常规手段的不足，为高动态大尺度浑浊水体水下地形的提取提供了经济有效的途径。

(4) 高动态通江湖泊水量收支的遥感估算方法。鄱阳湖水文条件复杂，湖底地形受冲淤和采砂活动影响易发生变化，这使得常规的水文观测方法难以准确估算湖泊的水量收支状况。本文提出了一种考虑湖泊蓄水量变化的高动态湖泊水量收支估算方法，利用遥感获取的鄱阳湖长时间序列水体范围和湖底地形数据，计算湖泊蓄水量的动态变化过程。结合流域的入湖径流量与湖泊的降水、蒸发等数据，计算出了湖泊的出湖水量，并解析了引起湖泊水量收支动态变化的气象与水文因子。

(5)初步探索了三峡工程对下游通江湖泊水面积的影响。三峡工程对长江中下游水环境的影响自 20 世纪以来一直是备受争论的问题。本文分析了三峡大坝 2003 年截流蓄水前后，鄱阳湖的水文时空格局(包括湖水面积、枯水期起始时间等)的变化状况。同时从多年水量收支变化角度出发，初步探索了三峡工程建设对长江中下游通江湖泊水面积的影响。然而，若要进一步解析三峡蓄水对通江湖泊的影响机制，还需要获取更多长江及湖泊流域水文数据进行更深入的研究。

8.3 研究展望

本文在充分利用 MODIS 遥感数据的高时空分辨率的优势下，结合实测气象、水文等参数，系统地分析了在气候变化与人类活动共同作用下，鄱阳湖水沙的长短期变化特征及规律。然而，作者认为，未来鄱阳湖及其他通江的水环境遥感研究还可以从以下几个方面进行。

(1)鄱阳湖叶绿素浓度的时空格局。已有实测数据表明，在鄱阳湖的某些湖区已经出现不同程度的富营养化，然而叶绿素浓度是反映水体富营养化的重要指标。但是，在鄱阳湖的泥沙主导区，水体的光学信号基本上反映的是悬浮泥沙的散射信号，即便在实测光谱上都难以解析出叶绿素信号的贡献。因此，如何利用卫星遥感获取叶绿素时空分布状况是鄱阳湖水环境遥感研究的难点问题。

(2)鄱阳湖泥沙收支的动态平衡。本文在遥感提取准确湖底地形的基础上，估算了鄱阳湖的蓄水量，而通过结合流域径流量等数据获取了鄱阳湖的水量收支状况。然而，泥沙收支平衡的动态过程

127

也是分析湖泊水环境变化的关键要素。而目前面临的最大难题是，在获取湖泊表面的悬浮泥沙浓度基础上，如何准确估算其泥沙总量。因此，这便要在获取湖泊流场、泥沙粒径和密度等的基础上，利用数值模拟辅助研究悬浮泥沙的垂线分布状况。

（3）鄱阳湖湿地的时空动态及其影响机制。鄱阳湖湿地是国际上重要的湿地之一。然而，由于近年来的各种人为破坏性活动（例如洲滩上的杨树种植、湖泊采砂等），鄱阳湖湿地荒漠化情势日趋严重，给过冬候鸟的生存环境带来了灾难性影响。另外，长江三峡工程建设导致的湖泊面积萎缩也必然会给湿地环境带来一系列影响。本研究提供了鄱阳湖长时序的水面积及悬浮泥沙数据，这为探讨鄱阳湖湿地的时空动态变化及其影响机制提供了基础。

（4）鄱阳湖水利枢纽工程建设的影响评价。为了防止鄱阳湖的洪涝灾害，江西省政府在 2000 年以前就提出了在鄱阳湖建坝的方案。近年来，鄱阳湖枯水期显著提前（具体见第 7 章），严重影响了区域性的生态环境及人们的生活质量。于是，江西政府进一步推进了建设"鄱阳湖水利枢纽"的设想。在本文的研究基础上，探索鄱阳湖大坝建设及其运行调度对湖泊流域生态环境的影响，将为政府重要决策提供理论依据。

（5）多源遥感数据的结合。分别搭载在 Terra 和 Aqua 卫星上的 MODIS 传感器在一天可以获取两景影像。然而即便如此，由于受季风气候的影响，在多雨季节，湖泊流域一个月可能只有一景无云影像（例如 6 月份），这可能会给水量水质的统计结果带来一定的误差。然而，若能考虑传感器之间的波段设置及响应差异，对不同的遥感数据（如 Landsat、SPOT 等）进行同化，可以更大程度地提高遥感数据的时空覆盖度。

（6）水质水量的持续性观测。本文所提供的湖泊水面积、湖底地形、水量收支及悬浮泥沙浓度等数据为后续的研究提供了历史参考数据。目前，Terra 和 Aqua 都已经超过了其 6 年的设计寿命，随时可能停止工作。然而，一方面，美国航天航空局 NASA 已经发射了 MODIS 的替代产品 VIIRS；另一方面，我国也成功发射了具有自主知识产权的 HJ-1A/1B CCD 传感器，这些都为鄱阳湖及其他通江湖泊水环境研究提供了新的数据源。然而，目前还需要针对新型传感器数据研究水环境参数获取的新方法。

参 考 文 献

[1] Aarninkhof S G J, Turner I L, Dronkers T D T, et al. A Video-based Technique for Mapping Intertidal Beach Bathymetry [J]. Coastal Engineering, 2003, 49: 275-289

[2] Jamesg A, Alexander V, Denis N, et al. Use of SeaWiFS Ocean Color Data to Estimate Neritic Sediment Mass Transport from Carbonate Platforms for Two Hurricane-forced Events [J]. Coral Reefs, 2004, 23(1): 39-47

[3] Ackerman Steven A, Strabala Kathleen I, Paul M W, et al. Discriminating Clear Sky from Clouds with MODIS [J]. J Geophys Res, 1998, 103(D24): 32141-32157

[4] Petteri A, Joni M. Hydraulic Parameter Estimations of a 2D Model Validated with Sedimentological Findings in the Point Bar Environment [J]. Hydrological Processes, 2010, 24(18): 2578-2593

[5] Allen R G, Pereira L S, Raes D, et al. Crop Evapotranspiration: Guidelines for Computing Crop Water Requirements-FAO Irrigation and Drainage Paper [J]. Food and Agriculture Organization, 1998, 56

[6] Allen Susan E. On Subinertial Flow in Submarine Canyons: Effect of Geometry [J]. J Geophys Res, 2000, 105(C1): 1285-1297

[7] Joseph A, Mohammad S, Godfrey O, et al. The Falling Lake Victoria Water Level: GRACE, TRIMM and CHAMP Satellite Analysis of the Lake Basin [J]. Water Resources Management, 2008, 22(7): 775-796

［8］Marcel B, André M, Vincent F S, et al. Light Scattering Properties
of Marine Particles in Coastal and Open Ocean Waters as Related to
the Particle Mass Concentration ［J］. Limnol Oceanogr, 2003, 48
(2): 843-859

［9］Bagheri S, Stein M, Dios R. Utility of Hyperspectral Data for
Bathymetric Mapping in a Turbid Estuary ［J］. International Journal
of Remote Sensing, 1998, 19(6): 1179-1188

［10］Bailey Sean W, Jeremy W P. A Multi-sensor Approach for the On-
orbit Validation of Ocean Color Satellite Data Products ［J］.
Remote Sensing of Environment, 2006, 102(1-2): 12-23

［11］Bhuyan S J, Marzen L J, Koelliker J K, et al. Assessment of
Runoff and Sediment Yield Using Remote Sensing, GIS, and
AGNPS ［J］. Journal of Soil and Water Conservation, 2002, 57
(6): 351-363

［12］Bianduo, Bianbaciren, Laba, et al. The Response of Water Level
of Selin Co to Climate Change during 1975-2008 ［J］. Journal of
Geographical Science, 2010, 65(3): 313-319

［13］Bianduo, Bianbaciren, Li Lin, et al. The Response of Lake Change
to Climate Fluctuation in North Qinghai-Tibet Plateau in Last 30
Years ［J］. Journal of Geographical Sciences, 2009, 19(2): 131-
142

［14］Booth J G, Miller R L, Mckee B A, et al. Wind-induced Bottom
Sediment Resuspension in a Microtidal Coastal Environment ［J］.
Continental Shelf Research, 2000, 20(7): 785-806

［15］Bowers D G, Braithwaite K M, Nimmo-Smith W A M, et al. Light
Scattering by Particles Suspended in the Sea: The Role of Particle
Size And Density ［J］. Continental Shelf Research, 2009, 29
(14): 1748-1755

［16］Bryant M. Global Climate Change and Potential Effects on Pacific
Salmonids in Freshwater Ecosystems of Southeast Alaska ［J］.
Climatic Change, 2009, 95(1): 169-193

[17] Carbonneau Patrice E, Lane Stuart N, Normand B. Feature Based Image Processing Methods Applied to Bathymetric Measurements from Airborne Remote Sensing in Fluvial Environments [J]. Earth Surface Processes and Landforms, 2006, 31(11): 1413-1423

[18] Ceyhun zçelik, Yalçın Arısoy. Remote Sensing of Water Depths in Shallow Waters Via ArtifiCial Neural Networks [J]. Estuarine, Coastal and Shelf Science, 2010, 89: 89-96

[19] Chebud Yirgalem A, Melesse Assefa M. Modelling Lake Stage and Water Balance of Lake Tana, Ethiopia [J]. Hydrological Processes, 2009, 23(25): 3534-3544

[20] Chen Shuisen, Huang Wenrui, Wang Hongqing, et al. Remote Sensing Assessment of Sediment Re-suspension During Hurricane Frances in Apalachicola Bay, USA [J]. Remote Sensing of Environment, 2009, 113(12): 2670-2681

[21] Chen X L, Bao S M, Li H, et al. LUCC Impact on Sediment Loads in Subtropical Rainy Areas [J]. Photogrammetric Engineering and Remote Sensing, 2007, 73(3): 319-327

[22] Costa B M, Battista T A, Pittman S J. Comparative Evaluation of Airborne LiDAR and Ship-based Multibeam SoNAR Bathymetry and Intensity for Mapping Coral Reef Ecosystems [J]. Remote Sensing of Environment, 2009, 113: 1082-1100

[23] Courault D, Seguin B, Olioso A. Review on Estimation of Evapotranspiration from Remote Sensing Data: From Empirical to Numerical Modeling Approaches [J]. Irrig Drain Syst, 2005, 19: 223-249

[24] Dawe Jordan T, Allen Susan E. Solution Convergence of Flow over Steep Topography in a Numerical Model of Canyon Upwelling[J]. J Geophys Res, 2010, 115(C5): C05008

[25] Dekker A G, Vos R J, Peters S W M. Analytical Algorithms for Lake Water TSM Estimation for Retrospective Analyses of TM and SPOT Sensor Data [J]. International Journal of Remote Sensing,

2002, 23(1): 15-35

[26] Dekker A G, Vos R J, Peters S W M. Comparison of Remote Sensing Data, Model Results and in Situ Data for Total Suspended Matter (TSM) in the Southern Frisian Lakes [J]. Science of the Total Environment, 2001, 268(1-3): 197-214

[27] Michel D. Physical and Biological Impact of Marine Aggregate Extraction Along the French Coast of the Eastern English Channel: Short- and Long-term Post-dredging Restoration [J]. ICES Journal of Marine Science: Journal du Conseil, 2000, 57(5): 1428-1438

[28] Domenikiotis C, Loukas A, Dalezios N R. The Use of NOAA/ AVHRR Satellite Data for Monitoring and Assessment of Forest Fires and Floods [J]. Natural Hazards and Earth System Science, 2003, 3(1-2): 115-128

[29] Doxaran D, Froidefond J M, Castaing P. A Reflectance Band Ratio Used to Estimate Suspended Matter Concentrations in Sediment-dominated Coastal Waters [J]. International Journal of Remote Sensing, 2002, 23(23): 5079-5085

[30] Doxaran David, Froidefond Jean-Marie, Lavender Samantha, et al. Spectral Signature of Highly Turbid Waters: Application with SPOT Data to Quantify Suspended Particulate Matter Concentrations [J]. Remote Sensing of Environment, 2002, 81(1): 149-161

[31] Erftemeijer Paul L A, Robin Lewis Iii Roy R. Environmental Impacts of Dredging on Seagrasses: A Review [J]. Marine Pollution Bulletin, 2006, 52(12): 1553-1572

[32] Flener C, Lotsari E, Alho P, et al. Comparison of Empirical and Theoretical Remote Sensing Based Bathymetry Models in River Environments [J]. River Research and Applications, 2012, 28(1): 118-133

[33] Frappart Frédéric, Seyler Frédérique, Martinez Jean-Michel, et al. Floodplain Water Storage in the Negro River Basin Estimated

From Microwave Remote Sensing of Inundation Area and Water Levels [J]. Remote Sensing of Environment, 2005, 99(4): 387-399

[34] Fyfe S K. Spatial and Temporal Variation in Spectral Reflectance: Are Seagrass Species Spectrally Distinct? [J]. Limnology and Oceanography, 2003, 48(1): 464-479

[35] Gao Jay. Bathymetric Mapping by Means of Remote Sensing: Methods, Accuracy and Limitations [J]. Progress in Physical Geography, 2009, 33(1): 103-116

[36] Glen G, Margaret H, Diane H. The Impact of Climate Change on the Physical Characteristics of the Larger Lakes in the English Lake District [J]. Freshwater Biology, 2007, 52(9): 1647-1666

[37] Dean G, Robert W. Development of a Seamless Multisource Topographic/Bathymetric Elevation Model of Tampa Bay [J]. Marine Technology Society Journal, 2002, 35: 58-64

[38] Gong Gwo-Ching, Chang Jeng, Chiang Kuo-Ping, et al. Reduction of Primary Production and Changing of Nutrient Ratio in the East China Sea: Effect of the Three Gorges Dam? [J]. Geophysical Research Letters, 2006, 33(7): L07610

[39] Gordon Howard R. Atmospheric Correction of Ocean Color Imagery in the Earth Observing System Era [J]. J. Geophys. Res. , 1997, 102(D14): 17081-17106

[40] Gordon Howard R, Wang Menghua. Retrieval of Water-leaving Radiance and Aerosol Optical Thickness over the Oceans with SeaWiFS: A Preliminary Algorithm [J]. Appl Opt, 1994, 33(3): 443-452

[41] Guo H, Hu Q, Zhang Q, et al. Effects of the Three Gorges Dam on Yangtze River Flow and River Interaction with Poyang Lake, China: 2003 – 2008 [J]. Journal of Hydrology, 2012, 416-417: 19-27, doi: 10. 1016/j. jhydrol. 2011. 11. 027

[42] Hamilton Michael K, Davis Curtiss O, Joseph R W, et

al. Estimating Chlorophyll Content and Bathymetry of Lake Tahoe Using AVIRIS Data [J]. Remote Sensing of Environment, 1993, 44: 217-230

[43] Hampton Stephanie E, Izmest'eva Lyubov R, Moore Marianne V, et al. Sixty Years of Environmental Change in the World's Largest Freshwater Lake-Lake Baikal, Siberia [J]. Global Change Biology, 2008, 14(8): 1947-1958

[44] Han Z, Jin Y Q, Yun C X. Suspended Sediment Concentrations in the Yangtze River Estuary Retrieved from the CMODIS Data [J]. International Journal of Remote Sensing, 2006, 27(19): 4329-4336

[45] Harding Jr Lawrence W, Magnuson Andrea, Mallonee Michael E. SeaWiFS Retrievals of Chlorophyll in Chesapeake Bay and the Mid-Atlantic Bight [J]. Estuarine, Coastal and Shelf Science, 2005, 62(1-2): 75-94

[46] Hinkel Kenneth M, Jones Benjamin M, Eisner Wendy R, et al. Methods to Assess Natural and Anthropogenic Thaw Lake Drainage on the Western Arctic Coastal Plain of Northern Alaska [J]. J Geophys Res, 2007, 112(F2): F02S16

[47] Hu Chuanmin, Carder Kendall L, Muller-Karger Frank E. Atmospheric Correction of SeaWiFS Imagery over Turbid Coastal Waters: A Practical Method [J]. Remote Sensing of Environment, 2000, 74(2): 195-206

[48] Hu Chuanmin, Chen Zhiqiang, Clayton Tonya D, et al. Assessment of Estuarine Water-quality Indicators Using MODIS Medium-resolution Bands: Initial Results from Tampa Bay, FL [J]. Remote Sensing of Environment, 2004, 93(3): 423-441

[49] Hu Chuanmin, Lee Zhongping, Ma Ronghua, et al. Moderate Resolution Imaging Spectroradiometer (MODIS) Observations of Cyanobacteria Blooms in Taihu Lake, China [J]. J Geophys. Res, 2010, 115(C4): C04002

[50] Hu Chuanmin. A Novel Ocean Color Index to Detect Floating Algae in the Global Oceans [J]. Remote Sensing of Environment, 2009, 113(10): 2118-2129

[51] Huffman George J, Bolvin David T, Nelkin Eric J, et al. The TRMM Multisatellite Precipitation Analysis (TMPA): Quasi-Global, Multiyear, Combined-Sensor Precipitation Estimates at Fine Scales [J]. Journal of Hydrometeorology, 2007, 8(1): 38-55

[52] Hui Fengming, Xu Bing, Huang Huabing, et al. Modelling Spatial-temporal Change of Poyang Lake Using Multitemporal Landsat Imagery [J]. International Journal of Remote Sensing, 2008, 29 (20): 5767-5784

[53] Jain Sanjay, Singh R, Jain M, et al. Delineation of Flood-Prone Areas Using Remote Sensing Techniques [J]. Water Resources Management, 2005, 19(4): 333-347

[54] Jiang L, Islam S, Carlson T. Uncertainties in Latent Heat Flux Measurement and Estimation: Implications for Using a Simplified Approach With Remote Sensing Data [J]. Can J Remote Sensing, 2004, 30: 769-787

[55] Jung M, Coauthors. Recent Decline in the Global Land Evapotranspiration Trend Due to Limited Moisture Supply [J]. Nature, 2010, 467: 951-954

[56] Kalma J D, McVicar T R, McCabe M F. Estimating Land Surface Evaporation: A Review of Methods Using Remotely Sensed Surface Temperature Dat [J]. Surv Geophys, 2008, 29: 421-469

[57] Kaufman Y J, Tanré D, Remer L A, et al. Operational Remote Sensing of Tropospheric Aerosol Over Land from EOS Moderate Resolution Imaging Spectroradiometer [J]. J Geophys Res, 1997, 102(D14): 17051-17067

[58] Kebede S, Travi Y, Alemayehu T, et al. Water Balance of Lake Tana and Its Sensitivity to Fluctuations in Rainfall, Blue Nile

Basin, Ethiopia [J]. Journal of Hydrology, 2006, 316(1-4): 233-247

[59] Kebede S, Travi Y, Alemayehu T, et al. Water Balance of Lake Tana and Its Sensitivity to Fluctuations in Rainfall, Blue Nile Basin, Ethiopia [J]. Journal of Hydrology, 2006, 316(1-4): 233-247

[60] Keiner L E, Yah X H. Aneural Networkmodel for Estimating Sea Surface Chlorophyll and Sediments from Thematic Mapper Imagery [J]. Remote Sensing of Environment, 1998, 66, 153-165, doi: 10. 1016/S0034-4257(98)00054-6

[61] Kiss Tímea, Sipos György. Braid-scale Channel Geometry Changes in a Sand-bedded River: Significance of Low Stages [J]. Geomorphology, 2007, 84(3-4): 209-221

[62] Kutser T, Metsamaa L, Vahtmäe E, et al. Operative Monitoring of the Extent of Dredging Plumes in Coastal Ecosystems Using MODIS Satellite Imagery [J]. Journal of Coastal Research, 2007, SI50: 180-184

[63] Lafon V, Froidefond J M, Lahet F, et al. SPOT Shallow Water Bathymetry of a Moderately Turbid Tidal Inlet Based on Field Measurements [J]. Remote Sensing of Environment, 2002, 81: 136-148

[64] Lane Robert, Day John, Marx Brian, et al. Seasonal and Spatial Water Quality Changes in the Outflow Plume of the Atchafalaya River, Louisiana, USA [J]. Estuaries and Coasts, 2002, 25(1): 30-42

[65] Lane S N, Bradbrook K F, Richards K S, et al. The Application of Computational Fluid Dynamics to Natural River Channels: Three-dimensional Versus Two-dimensional Approaches [J]. Geomorphology, 1999, 29(1-2): 1-20

[66] Lee Z, Hu C, Casey B, et al. Global Shallow-Water Bathymetry From Satellite Ocean Color Data [J]. Eos Trans AGU, 2010, 91

（46）

［67］Lee Zhongping, Carder Kendall L, Chen Robert F, et al. Properties of the Water Column and Bottom Derived from Airborne Visible Infrared Imaging Spectrometer (AVIRIS) Data ［J］. J Geophys Res, 2001, 106(C6): 11639-11651

［68］Lee Zhongping, Carder Kendall L, Mobley Curtis D, et al. Hyperspectral Remote Sensing for Shallow Waters. 2. Deriving Bottom Depths and Water Properties by Optimization ［J］. Appl Opt, 1999, 38(18): 3 831-3 843

［69］Lennox Brent, Spooner Ian, Jull Timothy, et al. Post-glacial Climate Change and Its Effect on a Shallow Dimictic Lake in Nova Scotia, Canada ［J］. Journal of Paleolimnology, 2010, 43(1): 15-27

［70］Liu Qian. Monitoring Area Variation and Sendimentation Patterns in Poyang Lake, China Using MODIS Medium-resolution Bands ［D］. Enschede, The Netherlands: International Institute for Geo-Information Science and Earth Observation, 2006

［71］Liu Yuanbo, Wu Guiping, Zhao Xiaosong. Recent Declines in China's Largest Freshwater Lake: Trend or Regime Shift? ［J］. Environmental Research Letters, 2013, 8(1): 014010

［72］Lodhi M A, Rundquist D C. A Spectral Analysis of Bottom-induced Variation in the Colour of Sand Hills Lakes, Nebraska, USA ［J］. International Journal of Remote Sensing, 2001, 22(9): 1665-1682

［73］Lunetta Ross S, Knight Joseph F, Ediriwickrema Jayantha, et al. Land-cover Change Detection Using Multi-temporal MODIS NDVI Data ［J］. Remote Sensing of Environment, 2006, 105(2): 142-154

［74］Lyzenga D R, Malinas N P, Tanis F J. Multispectral Bathymetry Using a Simple Physically Based Algorithm ［J］. IEEE Transactions on Geoscience and Remote Sensing, 2006, 44(8): 2251-2259

［75］Lyzenga David R. Passive Remote Sensing Techniques for Mapping

Water Depth and Bottom Features [J]. Applied Optics 1978, 17 (3): 379-383

[76] Lyzenga David R. Shallow-water Bathymetry Using Combined LiDAR and Passive Multispectral Scanner Data [J]. International Journal of Remote Sensing, 1985, 6(1): 115-125

[77] Ma Ronghua, Duan Hongtao, Hu Chuanmin, et al. A Half-century of Changes in China's Lakes: Global Warming or Human Influence? [J]. Geophysical Research Letters, 2010, 37(24): L24106

[78] Mcfeeters S K. The Use of the Normalized Difference Water Index (NDWI) in the Delineation of Open Water Features [J]. International Journal of Remote Sensing, 1996, 17(7): 1425-1432

[79] Mertes L A K, Smith M O, Adams J B. Estimating Suspended Sediment Concentrations in Surface Waters of the Amazon River Wetlands from Landsat Images [J]. Remote Sensing of Environment, 1993, 43: 281-301, doi: 10.1016/0034-4257 (93)90071-5

[80] Miller Richard L, Mckee Brent A. Using MODIS Terra 250 m Imagery to Map Concentrations of Total Suspended Matter in Coastal Waters [J]. Remote Sensing of Environment, 2004, 93(1-2): 259-266

[81] Mobley C D. Light and Water: Radiative Transfer in Natural Waters[C]. San Diego, CA, USA, Academic Press Inc., 1994

[82] Mobley Curtis D. Estimation of the Remote-Sensing Reflectance from Above-Surface Measurements [J]. Appl Opt, 1999, 38(36): 7442-7455

[83] Monteith J L. Evaporation and Environment. The State and Movement of Water in Living, 1965

[84] Montenegro A, Eby M, Mu Q, et al. The net Carbon Drawdown of Small Scale Afforestation from Satellite Observations [J]. Global Planet Change, 2009, 69: 195-204

[85] Moore G F, Aiken J, Lavender S J. The Atmospheric Correction of Water Colour and the Quantitative Retrieval of Suspended Particulate Matter in Case II Waters: Application to MERIS [J]. International Journal of Remote Sensing, 1999, 20(9): 1713-1733

[86] Moore Kenneth A, Wetzel Richard L, Orth Robert J. Seasonal Pulses of Turbidity and Their Relations to Eelgrass (Zostera Marina L.) Survival in an Estuary [J]. Journal of Experimental Marine Biology and Ecology, 1997, 215(1): 115-134

[87] Mu Q, Heinsch F A, Zhao M, et al. Development of a Global Evapotranspiration Algorithm Based on MODIS and Global Meteorology Data [J]. Remote Sensing of Environment, 2007, 111 (4): 519-536

[88] Mu Q, Zhao M, Running S W. Improvements to a MODIS Global Terrestrial Evapotranspiration Algorithm [J]. Remote Sensing Environ, 2011, 115: 1781 - 1800

[89] Neff B P, Killian J R, Commission Great Lakes, et al. The Great Lakes Water Balance: Data Availability and Annotated Bibliography of Selected References, U.S. Geological Survey, 2003

[90] Niu Ning, Li Jianping. The Features of the Heavy Drought Occurring to the South of the Yangtze River in China as well as the Anomal Ies of Atmospheric Circulation in Autumn 2004 [J]. Chinese Journal of Atmospheric Sciences, 2007, 31(2): 254-264

[91] Novotny Vladimir, Chesters Gordon. Delivery of Sediment and Pollutants from Nonpoint Sources: A Water Quality Perspective [J]. Journal of Soil and Water Conservation, 1989, 44(6): 568-576

[92] Oey L Y, Ezer T, Hu C, et al. Baroclinic Tidal Flows and Inundation Processes in Cook Inlet, Alaska: Numerical Modeling and Satellite Observations [J]. Ocean Dynamics, 2007, 57: 205-221

[93] Organisms G E Fogg. Symposia of the Society for Experimental Biology[M]. Academic Press, 205-234

[94] Ouma Yashon O, Tateishi R. A Water Index for Rapid Mapping of Shoreline Changes of Five East African Rift Valley Lakes: An Empirical Analysis Using Landsat TM and ETM + Data [J]. International Journal of Remote Sensing, 2006, 27(15): 3153-3181

[95] Peng Dingzhi, Xiong Lihua, Guo Shenglian, et al. Study of Dongting Lake Area Variation and Its Influence on Water Level Using MODIS Data [J]. Hydrological Sciences Journal, 2005, 50(1): 1-44

[96] Philpot William D. Bathymetric Mapping with Passive Multispectral Imagery [J]. Appl Opt, 1989, 28(8): 1569-1578

[97] Plug L J, Walls C, Scott B M. Tundra Lake Changes from 1978 to 2001 on the Tuktoyaktuk Peninsula, Western Canadian Arctic [J]. Geophys Res Lett, 2008, 35(3): L03502

[98] Pohl C, Van Genderen J L. Review Article Multisensor Image Fusion in Remote Sensing: Concepts, Methods and Applications [J]. International Journal of Remote Sensing, 1998, 19(5): 823-854

[99] Pope Robin M, Fry Edward S. Absorption Spectrum (380-700 nm) of Pure Water. II. Integrating Cavity Measurements [J]. Appl Opt, 1997, 36(33): 8710-8723

[100] Priestley C H B, Taylor R J. On the Assessment of Surface Heat Flux and Evaporation Using Large-scale Parameters [J]. Mon Wea Rev, 1972, 100: 81-92

[101] Redmond Kelly. Evaporation and the Hydrologic Budget of Crater Lake, Oregon [J]. Hydrobiologia, 2007, 574(1): 29-46

[102] Ritchie J C, Zimba P V, Everitt J H. Remote Sensing Techniques to Assess Water Quality [J]. Photogramm Eng Remote Sens, 2003, 69(6): 695-704

[103] Rodriguez Ernesto, Morris C S, Belz E J. A Global Assessment of the SRTM Performance[J]. 2006, 72(3): 249-260

[104] Sandidge Juanita C, Holyer Ronald J. Coastal Bathymetry from Hyperspectral Observations of Water Radiance [J]. Remote Sensing of Environment, 1998, 65: 341-352

[105] Santer Richard, Schmechtig Catherine. Adjacency Effects on Water Surfaces: Primary Scattering Approximation and Sensitivity Study [J]. Appl Opt, 2000, 39(3): 361-375

[106] Senet C M, Seemann J, Flampouris S, et al. Determination of Bathymetric and Current Maps by the Method DiSC Based on the Analysis of Nautical X-Band Radar Image Sequences of the Sea Surface (November 2007) [J]. IEEE Transactions on Geoscience and Remote Sensing, 2008, 46(8): 2267-2279

[107] Shankman David, Keim Barry D, Song Jie. Flood Frequency in China's Poyang Lake Region: Trends and Teleconnections [J]. International Journal of Climatology, 2006, 26(9): 1255-1266

[108] Shen G Z, Xie Z Q. Three Gorges Project: Chance and Challenge[J]. Science, 2004, 304: 681

[109] Shi W, Wang M. Satellite Observations of Flood-driven Mississippi River Plume in the Spring of 2008[J]. Geophys Res Lett, 2009, 36: L07607, doi: 10. 1029/2009GL037210

[110] Shih S F. Use of Landsat Data to Improve the Water Budget Computation in Lake Okeechobee, Florida [J]. Journal of Hydrology, 1980, 48(3-4): 237-249

[111] Siddique-E-Akbor A H M, Hossain F, Lee H, et al. Inter-comparison Study of Water Level Estimates Derived from Hydrodynamic-Hydrologic Model and Satellite Altimetry for a Complex Deltaic Environment[J]. Remote Sensing of Environment, 2011, 115(6): 1522-1531

[112] Smith L C, Sheng Y, Macdonald G M, et al. Disappearing Arctic Lakes [J]. Science, 2005, 308(5727): 1429

[113] Song Yuhe, Haidvogel Dale. A Semi-implicit Ocean Circulation Model Using a Generalized Topography-following Coordinate System [J]. Journal of Computational Physics, 1994, 115(1): 228-244

[114] Xie Songguang, Li Zhongjie, Liu Jiashou, et al. Murphy [J]. Fisheries, 2007, 32(7): 343-344

[115] Stevenson Janelle, Siringan Fernando, Finn J A N, et al. Paoay Lake, Northern Luzon, the Philippines: A Record of Holocene Environmental Change [J]. Global Change Biology, 2010, 16 (6): 1672-1688

[116] Stumpf Richard P, Holderied Kristine, Sinclair Mark. Determination of Water Depth with High-resolution Satellite Imagery over Variable Bottom Types [J]. Limnology and Oceanography, 2003, 48(2): 547-556

[117] Tabata Masaaki, Ghaffar Abdul, Nishimoto Jun. Accumulation of Metals in Sediments of Ariake Bay, Japan [J]. International Journal of Ocean and Oceanography, 2009, 8(10): 937-949

[118] Tassan S. An Improved In-water Algorithm for the Determination of Chlorophyll and Suspended Sediment Concentration from Thematic Mapper Data in Coastal Waters [J]. International Journal of Remote Sensing, 1993, 14(6): 1221-1229

[119] Tassan S. Local Algorithms Using SeaWiFS Data for the Retrieval of Phytoplankton, Pigments, Suspended Sediment, and Yellow Substance in Coastal Waters [J]. Appl Opt, 1994, 33(12): 2369-2378

[120] Tolk B L, Han L, Rundquist D C. The Impact of Bottom Brightness on Spectral Reflectance of Suspended Sediments [J]. International Journal of Remote Sensing, 2000, 21(11): 2259-2268

[121] Traykovski Peter, Latter Rebecca J, Irish James D. A Laboratory Evaluation of the Laser in Situ Scattering and Transmissometery

Instrument Using Natural Sediments [J]. Marine Geology, 1999, 159(1-4): 355-367

[122] Troin Magali, Vallet-Coulomb Christine, Sylvestre Florence, et al. Hydrological Modelling of a Closed Lake (Laguna Mar Chiquita, Argentina) in the Context of 20th Century Climatic Changes [J]. Journal of Hydrology, 2010, 393(3-4): 233-244

[123] Vermote E F, Tanre D, Deuze J L, et al. Second Simulation of the Satellite Signal in the Solar Spectrum, 6S: An Overview [J]. IEEE Transactions on Geoscience and Remote Sensing, 1997, 35 (3): 675-686

[124] Vörösmarty Charles J, Meybeck Michel, Fekete Balázs, et al. Anthropogenic Sediment Retention: Major Global Impact from Registered River Impoundments [J]. Global and Planetary Change, 2003, 39(1-2): 169-190

[125] Walker Ian J, Nickling William G. Dynamics of Secondary Airflow and Sediment Transport Over and in the Lee of Transverse Dunes [J]. Progress in Physical Geography, 2002, 26(1): 47-75

[126] Walker Nan D, Jr William J Wiseman, Jr Lawrence J Rouse, et al. Effects of River Discharge, Wind Stress, and Slope Eddies on Circulation and the Satellite-Observed Structure of the Mississippi River Plume [J]. Journal of Coastal Research, 2005, 21(6): 1228-1244

[127] Wang C K, Philpot W D Using Airborne Bathymetric LiDAR to Detect Bottom Type Variation in Shallow Waters [J]. Remote Sensing of Environment, 2007, 106(1): 123-135

[128] Wang J Z, Huang J H, Wu J G, et al. Ecological Consequences of the Three Gorges Dam: Insularization Affects Foraging Behavior and Dynamics of Rodent Populations [J]. Frontiers in Ecology and the Environment, 2008, 8(1): 13-19

[129] Wang Menghua, Shi Wei. The NIR-SWIR Combined Atmospheric

Correction Approach for MODIS Ocean Color Data Processing [J]. Opt Express, 2007, 15(24): 15722-15733

[130] Wang F, Zhou B, Xu J, et al. Application of Neural Network and MODIS 250 m Imagery for Estimating Suspended Sediments Concentration in Hangzhou Bay [J]. China, Environ Geol, 2008, 56: 1093-1101, doi: 10.1007/s00254-008-1209-0

[131] Wilber D H, Clarke D G, Burlas M H. Suspended Sediment Concentrations Associated with a Beach Nourishment Project on the Northern Coast of New Jersey [J]. Journal of Coastal Research, 2006, 22(5): 1035-1042

[132] Wolfe Robert E, Nishihama Masahiro, Fleig Albert J, et al. Achieving Sub-pixel Geolocation Accuracy in Support of MODIS Land Science [J]. Remote Sensing of Environment, 2002, 83(1-2): 31-49

[133] Wu Guofeng, De Leeuw Jan, Skidmore Andrew K, et al. Exploring the Possibility of Estimating the Aboveground Biomass of Vallisneria Spiralis L. Using Landsat TM Image in Dahuchi, Jiangxi Province, China [C]. Proc SPIE, 2005, 6045: 60452P

[134] Wu Guofeng, De Leeuw Jan, Skidmore Andrew K, et al. Concurrent Monitoring of Vessels and Water Turbidity Enhances the Strength of Evidence in Remotely Sensed Dredging Impact Assessment [J]. Water Research, 2007, 41: 3272-3280

[135] Wu Yanhong, Zhu Liping. The Response of Lake-glacier Variations to Climate Change in Nam Co Catchment, Central Tibetan Plateau, During 1970-2000 [J]. Journal of Geographical Sciences, 2008, 18(2): 177-189

[136] Xie P. Three-Gorges Dam: Risk to Ancient Fish [J]. Science, 2003, 302(5648): 1149

[137] Xu K H, Milliman J D. Seasonal Variations of Sediment Discharge from the Yangtze River Before and After Impoundment of the Three Gorges Dam [J]. Geomorphology, 2009, 104(3-4): 276-

283

[138] Yan Xiaohai, Jo Young-Heon, Jiang Lide, et al. Impact of the Three Gorges Dam Water Storage on the Yangtze River Outflow into the East China Sea [J]. Geophysical Research Letters, 2008, 35(5): L05610

[139] Yang Z, Wang H, Saito Y, et al. Dam Impacts on the Changjiang (Yangtze) River Sediment Discharge to the Sea: The Past 55 Years and After the Three Gorges Dam [J]. Water Resources Research, 2006, 42(4): 10

[140] Yin Hongfu, Liu Guangrun, Pi Jiangao, et al. On the River-lake Relationship of the Middle Yangtze Reaches [J]. Geomorphology, 2007, 85(3-4): 197-207

[141] Yin Hongfu, Liu Guangrun, Pi Jiangao, et al. On the River-lake Relationship of the Middle Yangtze Reaches [J]. Geomorphology, 2007, 85(3-4): 197-207

[142] Yu Ge, Shen Huadong. Lake Water Changes in Response to Climate Change in Northern China: Simulations and Uncertainty Analysis [J]. Quaternary International, 2010, 212(1): 44-56

[143] Zhu Jianrong, Wu Hui, Li Lu, et al. Saltwater Intrusion in the Changjiang Estuary in the Extremely Drought Hydrological Year 2006 [J]. Journal of East China Normal University (Natural Science), 2010(4): 1-6

[144] Zhou T, Yu R. Twentieth-Century Surface Air Temperature over China and the Globe Simulated by Coupled Climate Models [J]. Journal of Climate, 2006, 19(22): 5843-5858

[145] 白丽, 张奇, 李相虎. 湖泊水量变化关键影响因子研究综述 [J]. 水电能源科学, 2010, 28(3): 6

[146] 曹勇, 陈吉余, 张二凤, 等. 三峡水库初期蓄水对长江口淡水资源的影响[J]. 水科学进展, 2006, 17(4): 554-558

[147] 陈进, 黄薇. 通江湖泊对长江中下游防洪的作用[J]. 中国水利水电科学研究院学报, 2005, 3(1): 11-15

[148]陈龙泉,况润元,汤崇军.鄱阳湖滩地冲淤变化的遥感调查研究 [J].中国水土保持,2010(4):3

[149]姜加虎,黄群.三峡工程对鄱阳湖水位影响研究[J].自然资源学报,1997,12(3):219-224

[150]李荣昉,吴敦银,刘影,等.鄱阳湖对长江洪水调蓄功能的分析[J].水文,2003,23(6):12-17

[151]刘良明,等.卫星海洋遥感导论[M].武汉:武汉大学出版社,2005

[152]刘萍萍,甘文宇,张瑞芳,等.陕北红碱淖流域水量变化及其影响因素定量分析 [J].西安交通大学学报,2009,43(1):6

[153]刘清春,千怀遂.国际地圈-生物圈计划研究进展和展望 [J].气象科技,2005,33(1):5.

[154]刘圣中.鄱阳湖的公地悲剧 [J].决策,2007,9:34-35

[155]刘晓东,吴敦银.三峡工程对鄱阳湖汛期水位影响的初步分析[J].江西水利科技,1999,2:71-75

[156]刘玉洁,郑照军,王丽波.我国西部地区冬季雪盖遥感和变化分析 [J].气候与环境研究,2003,8(1):10

[157]逯庆章.青海湖水量动态变化分析 [J].青海草业,2010,19(4)

[158]马逸麟,熊彩云,易文萍.鄱阳湖泥沙淤积特征及发展趋势[J].资源调查与环境,2003,24(1):29-37

[159]毛端谦.鄱阳湖区水旱灾害灾情分析[J].江西师范大学学报(自然科学版),1992,3:234-240

[160]牛宁,李建平.2004年中国长江以南地区严重秋旱特征及其同期大气环流异常[J].大气科学,2007,31(2):254-264

[161]师哲,张亭,高华斌.鄱阳湖地区流域水土流失特点研究初探 [J].长江科学院院报,2008,25(3):4

[162]舒卫先,李世杰,刘吉峰.青海湖水量变化模拟及原因分析 [J].干旱区地理,2008,31(2):8

[163]万金保,蒋胜韬.鄱阳湖水环境分析及综合治理 [J].水资源

保护, 2006, 22(3): 4

[164] 万小庆, 许新发. 鄱阳湖环湖区水资源供需平衡分析[J]. 人民长江, 2010, 41(6): 43-47

[165] 邬国锋, 崔丽娟, 纪伟涛. 基于时间序列 MODIS 影像的鄱阳湖丰水期悬浮泥沙浓度反演及变化 [J]. 湖泊科学, 2009, 21(2): 10

[166] 吴龙华. 长江三峡工程对鄱阳湖生态环境的影响研究 [C]. 2007 重大水利水电科技前沿院士论坛, 2007

[167] 夏黎莉, 周文斌. 鄱阳湖水体氮磷污染特征及控制对策 [J]. 江西化工, 2007(1): 2

[168] 线薇薇, 刘瑞玉, 罗秉征. 三峡水库蓄水前长江口生态与环境[J]. 长江流域资源与环境, 2004, 13(2): 119-123

[169] 辛晓冬, 姚檀栋, 叶庆华, 等. 1980—2005 年藏东南然乌湖流域冰川湖泊变化研究 [J]. 冰川冻土, 2009, 31(1): 8

[170] 茹辉军, 刘学勤, 黄向荣, 等. 大型通江湖泊洞庭湖的鱼类物种多样性及其时空变化[J]. 湖泊科学, 2008, 20(1): 93-99

[171] 杨富亿, 刘兴土, 赵魁义, 等. 鄱阳湖的自然渔业功能[J]. 湿地科学, 2011, 9(1): 82-89

[172] 殷立琼, 江南, 杨英宝. 基于遥感技术的太湖近 15 年面积动态变化 [J]. 湖泊科学, 2005, 17(2): 4

[173] 张本. 鄱阳湖研究[M]. 上海: 上海科学与技术出版社, 1988

[174] 朱建荣, 吴辉, 李路, 等. 极端干旱水文年(2006)中长江河口的盐水入侵[J]. 华东师范大学学报(自然科学版), 2006, 4: 1-6

[175] 张明军, 李瑞雪, 贾文雄, 等. 中国天山山区潜在蒸发量的时空变化[J]. 地理学报, 2009, 64(7): 9

[176] 赵其国, 黄国勤, 钱海燕. 鄱阳湖生态环境与可持续发展[J]. 土壤学报, 2007, 44(2): 318-326

[177] 钟业喜, 陈姗. 采砂对鄱阳湖鱼类的影响研究 [J]. 江西水产

科技, 2005(1): 15-18

[178] 朱宏富, 胡细英. 三峡工程对都阳湖区农、牧、渔业的影响[J]. 江西师范大学学报(自然科学版), 1995, 19(3): 252-258

图　索　引

表 索 引

表　索　引

致　谢

　　时间在不经意之间流逝，随着博士论文的一页一页完成，五年的研究生生涯转眼间也就要画成句号。直到现在，我不曾忘记当年复习考研而夜以继日的奋斗场景，以及被高分录取时的喜悦。就这样，在刘学锋老师的极力举荐下，我顺利来到了武汉大学测绘遥感信息工程国家重点实验室的陈晓玲老师研究小组，同时开始了我人生中最充实、最难忘的一段时光。五年时间里，有许多的人直接地或潜移默化地影响着我，给予我帮助，在此谨以此文献给那些给我人生留下烙印的人们。

　　首先要感谢我的恩师陈晓玲教授。从初次见面开始，我就被陈老师的人格魅力深深吸引，陈老师高尚的人格、严谨的治学态度和奋不顾身的工作精神对我产生了惠及终生的深刻影响。在整个研究生阶段，陈老师在学习和科研上都给予了我最大的支持。从野外观测、数据收集到实验设计等，陈老师无一不尽其力给我提供最好的平台与环境，这些都是我能够快速成长的保证。在陈老师的悉心指导下，我从对科研的一无所知到对其产生浓厚的兴趣，带我进入了科研的神圣殿堂。同时，是陈老师的大力推荐，使我有机会到美国进行两年的博士生访问研究。

　　其次，要感谢对我影响深远的另一位导师，美国南佛罗里达大学的胡传民教授，我的良师益友。科研上，大到文章撰写，小到程序的实现，胡老师都是层层把关、逐一指点。此外，胡老师一丝不苟的科研态度以及力求创新的科学精神深深地感染着我，学之一二就能使我受用终生。生活上，从第一次去美国的亲自接机，到最后一次在坦帕餐馆的饯行，再到给我写的饱含赞扬之词的推荐信，无一不流露出胡老师对我的关心，感谢胡老师对我尽心尽力的指导与帮助。

论文的写作过程中，得到了李德仁院士、龚健雅院士的关心和鼓励，感谢两位德高望重的老师能在百忙中抽空指导。感谢邹尚辉教授、何报寅研究员、秦前清教授、张昊教授等各位老师在论文开题时对我的指点。感谢美国马塞诸塞州大学波士顿分校的李忠平教授和中科院南海海洋研究所的陈楚群研究员对我的关心以及为我写的推荐信。

另外，要感谢的是陈老师团队中的每一位成员，是你们的陪伴使我的研究生生活丰富多彩，你们对我的关怀都将铭记于心，能成为其中的一员是我莫大的荣幸。这些成员包括田礼乔老师、陆建忠老师、李熙老师、宋鸿老师、曾群老师、蔡晓斌博士、李辉博士、张建博士、殷守敬博士、赵羲博士、刘海博士、陈莉琼博士、张琍博士、卢云峰博士、于之锋博士、张伟博士、张鹏博士、李建博士、黄珏博士、苏国振硕士、肖靖靖硕士、宋珍硕士、甘文霞硕士、吴君峰硕士、张峰硕士、张媛硕士、孙昆硕士、叶文涛硕士、韩杏杏硕士、陶灿硕士等。特别感谢蔡晓斌博士和赵羲博士在我博士论文选题及撰写过程中提出的宝贵意见。

还要感谢在两年美国留学时间里给予我帮助的同事及朋友们，赵俊博士、段洪涛博士、储可宽博士、乐成峰博士、冯沙博士、刘成思博士、刘永刚博士、Brock Much、Dr. Robert Chen、Brian Barnes、Daniel Sensi、Ryan Lloyd，还有我的室友朱英里博士和范磊博士，是你们给我的留学生活增添了色彩。

最后，要感谢我的父母对我一直以来的照顾和支持，在我二十多年的求学生涯里，你们永远是我坚强的后盾和避风港湾，愿你们能健康长寿。同时还要感谢我的妻子王君华，你是我博士期间最大的收获，能与你相遇相知并携手到老将是我这辈子最大的幸福。

祝愿所有关心、支持、帮助过我的人，永远健康！幸福！快乐！

冯　炼

2013 年 5 月 6 日

武汉大学优秀博士学位论文文库

已出版: